校企"双元"合作精品教材
高等职业院校精品教材系列

电子产品生产工艺与品质管理

赵 涛 商敏红 主 编
夏玉果 钱宜平 副主编

电子工业出版社
Publishing House of Electronics Industry
北京·BEIJING

内 容 简 介

本书是按照最新的职业教育教学改革要求,在深度校企融合的基础上,结合电子产品制造行业对技能型应用人才的能力需求,以及编者多年的企业生产实践和教学经验进行编写的。本书按照电子产品生产工艺的整个实现过程组织教学内容,共包括 5 个项目:准备工艺、装接工艺、调试与检验工艺、电子产品工艺文件的识读与编制,以及电子产品质量管理与生产管理。全书以这 5 个项目为学习载体,将系统理论学习与实践训练有机结合,使学生具备电子产品生产所需要的专业技术能力、方法能力、社会能力。

本书可作为高等职业本专科院校相应课程的教材,也可作为开放大学、成人教育、自学考试及培训班的教材,以及电子工程技术人员的参考用书。

本书配有免费的微课视频、电子教学课件、习题参考答案等,详见前言。

未经许可,不得以任何方式复制或抄袭本书之部分或全部内容。
版权所有,侵权必究。

图书在版编目(CIP)数据

电子产品生产工艺与品质管理 / 赵涛,商敏红主编.—北京:电子工业出版社,2023.5
高等职业院校精品教材系列
ISBN 978-7-121-45568-1

Ⅰ. ①电… Ⅱ. ①赵… ②商… Ⅲ. ①电子产品-生产工艺-高等职业教育-教材 ②电子产品-生产管理-高等职业教育-教材 Ⅳ. ①TN05

中国国家版本馆 CIP 数据核字(2023)第 081652 号

责任编辑:陈健德(E-mail:chenjd@phei.com.cn)
特约编辑:杨秋娜
印　　刷:天津画中画印刷有限公司
装　　订:天津画中画印刷有限公司
出版发行:电子工业出版社
　　　　　北京市海淀区万寿路 173 信箱　邮编　100036
开　　本:787×1 092　1/16　印张:11.25　字数:288 千字
版　　次:2023 年 5 月第 1 版
印　　次:2023 年 5 月第 1 次印刷
定　　价:52.00 元

凡所购买电子工业出版社图书有缺损问题,请向购买书店调换。若书店售缺,请与本社发行部联系,联系及邮购电话:(010)88254888,88258888。
质量投诉请发邮件至 zlts@phei.com.cn,盗版侵权举报请发邮件至 dbqq@phei.com.cn。
本书咨询联系方式:chenjd@phei.com.cn。

前言

随着电子技术的飞速发展，现代企业对工程技术人员提出了越来越高的要求。本书是培养电子行业工程技术人员实践性很强的技能教材，是学生从课堂走向电子工程领域的桥梁和纽带。本书以电子产品生产工艺过程组织教学内容，共包括 5 个项目：准备工艺、装接工艺、调试与检验工艺、电子产品工艺文件的识读与编制，以及电子产品质量管理与生产管理。每个项目设置有学习导入、项目分析（分析阐述项目开展的思路）、任务、项目小结和习题，每个任务包括任务提出、学习导航、相关知识、任务实施。任务按照"必需、够用"的原则介绍相关知识。每个任务的任务实施设置了具体的任务情境，培养学生的基本技能，给出了实施条件和评分标准，增加了教师教学的可操作性。

本书与其他同类书相比，具有以下特色：

1. 以职业岗位为导向，根据行业企业专家和企业调研对职业岗位工作任务和能力的分析，按照电子产品生产流程，确定本书内容。

2. 以岗位能力要求为目标，强调理论与实践的结合，在实践中加深对知识、技能的理解，实现"教、学、做"一体化。

3. 本书内容将工艺技术与工艺管理相结合，完善学生的知识体系，增强学生的职业综合能力。

4. 在内容设定上，每个项目中设置若干任务，它们以电子产品生产制造流程为载体，对电子产品装配过程中需要的基本技能进行训练，并提供具体实施方案和评分标准，方便教师教学。

5. 充分考虑高等职业院校学生的知识、技能基础和学习特点，结合操作任务的具体要求对知识进行讲解。

6. 为更好地发挥书的作用，保证教学质量，本书配套的教辅资源有多媒体课件、微课、习题解析和视频动画等电子资源。

本书由赵涛、商敏红担任主编，由夏玉果、钱宜平担任副主编。具体编写分工如下：项目 1 由钱宜平编写，项目 2 由夏玉果编写，项目 3 由赵涛编写，项目 4 和项目 5 由商敏红编写，赵涛和商敏红负责统稿。无锡市维沃富科技有限公司黄忠平工程师提供了大量的企业实践性资料；另外，编者在编写本书的过程中参考了大量的有关文献资料，在此一并表示感谢。

因编写时间仓促，加之编者水平有限，书中内容难免存在一些疏漏和不足之处，恳请读者批评指正。

为了方便教师教学，本书还配有免费的微课视频、电子教学课件、习题参考答案，请有此需要的教师登录华信教育资源网（http://www.hxedu.com.cn）免费注册后再进行下载，在有问题时请在网站留言或与电子工业出版社联系（E-mail：hxedu@phei.com.cn）。

编者

目 录

项目1 准备工艺 ·· 1
学习导入 ·· 1
项目分析 ·· 1
任务1.1 元器件与元器件引脚成形 ·· 2
任务提出 ·· 2
学习导航 ·· 2
相关知识 ·· 2
1.1.1 常用的电子元器件 ··· 3
1.1.2 常用元器件的检测 ··· 29
1.1.3 电子元器件的引脚成形 ··· 33
任务实施 ·· 37
任务1.2 导线与导线预加工 ·· 38
任务提出 ·· 38
学习导航 ·· 38
相关知识 ·· 38
1.2.1 电子产品中常用的导线 ··· 38
1.2.2 绝缘导线的加工工艺 ··· 39
任务实施 ·· 42
任务1.3 印制板与印制板加工工艺 ·· 43
任务提出 ·· 43
学习导航 ·· 43
相关知识 ·· 43
1.3.1 印制板及基材的种类 ··· 43
1.3.2 印制板的制作过程和测试 ··· 45
任务实施 ·· 51
项目小结 ·· 52
习题1 ·· 52

项目2 装接工艺 ·· 53
学习导入 ·· 53
项目分析 ·· 53
任务2.1 焊接工艺 ·· 54
任务提出 ·· 54
学习导航 ·· 54
相关知识 ·· 54
2.1.1 焊接的基础知识 ··· 54

2.1.2 手工焊接技术 ... 55
  2.1.3 波峰焊设备与工艺 ... 66
  2.1.4 再流焊设备与工艺 ... 70
  2.1.5 无铅焊接技术 ... 91
 任务实施 ... 96
任务 2.2 电子产品总装 ... 97
 任务提出 ... 97
 学习导航 ... 97
 相关知识 ... 97
  2.2.1 电子产品总装工艺 ... 97
  2.2.2 常见的其他装配工艺 ... 102
 任务实施 ... 105
项目小结 ... 106
习题 2 ... 106

项目 3 调试与检验工艺 ... 107

学习导入 ... 107
项目分析 ... 107
任务 3.1 电子产品调试工艺准备 ... 108
 任务提出 ... 108
 学习导航 ... 108
 相关知识 ... 108
  3.1.1 调试工艺方案的制定 ... 108
  3.1.2 调试平台的搭建 ... 109
 任务实施 ... 111
任务 3.2 电子产品调试 ... 112
 任务提出 ... 112
 学习导航 ... 112
 相关知识 ... 112
  3.2.1 单元调试工艺过程 ... 112
  3.2.2 整机调试工艺过程 ... 121
 任务实施 ... 124
任务 3.3 电子产品检验 ... 125
 任务提出 ... 125
 学习导航 ... 125
 相关知识 ... 125
  3.3.1 检验的概念、分类及过程 ... 125
  3.3.2 整机检验 ... 126
  3.3.3 故障检修的工艺流程 ... 129
  3.3.4 包装工艺 ... 130

目 录

  任务实施 ··· 132
 项目小结 ·· 133
 习题 3 ··· 133

项目 4 　电子产品工艺文件的识读与编制 ··· 134
 学习导入 ·· 134
 项目分析 ·· 134
 任务 4.1　电子产品工艺文件的识读 ··· 135
  任务提出 ··· 135
  学习导航 ··· 135
  相关知识 ··· 135
   4.1.1　电子产品工艺文件的内容 ·· 135
   4.1.2　电子产品工艺文件格式示例 ··· 138
  任务实施 ··· 146
 任务 4.2　电子产品工艺文件的编制 ··· 147
  任务提出 ··· 147
  学习导航 ··· 147
  相关知识 ··· 147
   4.2.1　工艺文件的编制依据、原则与要求 ·· 147
   4.2.2　工艺文件的编制示例 ·· 148
  任务实施 ··· 151
 任务 4.3　电子产品工艺文件标准化管理 ·· 152
  任务提出 ··· 152
  学习导航 ··· 152
  相关知识 ··· 152
   4.3.1　标准的概念与分类 ··· 152
   4.3.2　工艺文件标准化管理的目的与要求 ··· 154
  任务实施 ··· 156
 项目小结 ·· 157
 习题 4 ··· 157

项目 5 　电子产品质量管理与生产管理 ·· 158
 学习导入 ·· 158
 项目分析 ·· 158
 任务 5.1　电子产品质量管理 ·· 159
  任务提出 ··· 159
  学习导航 ··· 159
  相关知识 ··· 159
   5.1.1　电子产品质量管理分类及影响因素 ··· 159
   5.1.2　ISO 9000 质量管理体系 ·· 162
  任务实施 ··· 164

电子产品生产工艺与品质管理

　　任务 5.2　电子产品生产管理 ……………………………………………………………… 165
　　　　任务提出 ……………………………………………………………………………… 165
　　　　学习导航 ……………………………………………………………………………… 165
　　　　相关知识 ……………………………………………………………………………… 165
　　　　　　5.2.1　工艺管理的概念和组织机构 ……………………………………………… 165
　　　　　　5.2.2　生产现场 6S 管理 ………………………………………………………… 166
　　　　任务实施 ……………………………………………………………………………… 169
　　项目小结 …………………………………………………………………………………… 170
　　习题 5 ……………………………………………………………………………………… 170

参考文献 ……………………………………………………………………………………… 171

项目 1 准备工艺

学习导入

凡事预则立，不预则废。不抓好预先研究，搞好技术贮备，那是会受到科学规律惩罚的。

——任新民

项目分析

在电子产品的整机装配之前，需要对整机所用到的各种元器件、导线、印制电路板（Printed-Circuit Board，PCB，简称印制板）等零部件进行预先加工处理，这些准备工作被称为装配准备工艺。

本项目以电子产品的生产准备工序为主线，学习者通过完成常用元器件的识别和检测、元器件引脚的成形及单面板的手工制作等工作任务，应掌握电子产品中常用元器件的基本常识，熟悉元器件引脚成形的基本要求和方法，理解印制板制作的原理并了解专业制作印制板的生产工艺过程，为全面掌握电子产品的生产工艺打下基础。

任务 1.1　元器件与元器件引脚成形

任务提出

电子元器件是组成电子电路的最小单位,它具有完整性、独立性、不可分割性,是电子产品中的基本单元。任何从事电子行业的人员,必须了解各类常用元器件的基本常识,而对于电子产品的工艺技术人员来说,不仅要熟悉这些元器件的封装形式、主要性能参数及其标注与检测方法等基本知识,还必须能够根据实际的生产条件和印制板的安装要求,为一些带引脚、需要预成形加工的元器件选择合适的成形方式。

本任务要求学习者完成以下工作:

(1) 使用普通的指针式万用表对常用元器件进行检测:测量电阻器的阻值,并根据测量结果和电阻器上的标注判断该电阻器的阻值是否合格;检测各类电容器是否存在开路、短路或性能变差等现象;测量各类二极管、晶体管的极性和好坏。

(2) 根据所提供的印制板和带引脚的元器件,选择合适的方式,使用镊子、尖嘴钳、剪刀等常用工具对元器件的引脚进行手工成形。

学习导航

任务 1.1	元器件与元器件引脚成形
知识目标	1. 掌握常用电子元器件的工作原理; 2. 掌握常用电子元器件的参数标示方法; 3. 掌握用指针式万用表对部分元器件进行检测的方法; 4. 掌握电子元器件图形符号的国际标准; 5. 掌握元器件引脚成形的技术要求
能力目标	1. 能选择正确的仪器、仪表,完成对常用电子元器件进行检测的任务; 2. 能根据印制板的安装要求,选择正确的安装工具,完成通孔元器件引脚的预成形处理
职业素养	1. 培养严谨、细致的工作作风; 2. 培养安全、规范的操作习惯; 3. 保持有序、整洁的工作环境; 4. 培养吃苦耐劳的工作精神; 5. 培养对新知识和新技能的学习能力; 6. 培养解决问题、制订工作计划的能力

相关知识

电子元器件的种类繁多,较常用的不外乎电阻器、电容器、电感器和变压器、半导体分立器件及集成电路等,这些元器件几乎在所有电子整机产品中都会被用到。除此以外,还有各类开关元件(包括继电器、电磁开关等)、接插件(包括各种插头、插座和连接器等)、电声器件（包括扬声器、耳机和传声器等）等也较常用。下面让我们来了解这些常用元器件的基本常识和元器件引脚成形加工的基本知识。

1.1.1　常用的电子元器件

1. 电阻器

扫一扫看电阻器微课视频

电阻器（Resistor）是使用量最多的电子元件，它没有极性，是一种耗能元件，吸收电能并把电能转换成其他形式的能量。在电路中，电阻器主要有分压、分流、作为负载等功能，用于稳定、调节、控制电压或电流的大小。

1）电阻器的分类

（1）电阻器按其制作材料和制造工艺可以分为薄膜电阻器、线绕电阻器、实心电阻器等。

① 薄膜电阻器又可以根据导电膜的材料不同而分为碳膜电阻器（底色常为浅黄色）、金属膜电阻器（底色常为蓝色）和金属氧化膜电阻器（底色常为水泥色）等，实物如图 1.1 所示。

图 1.1　薄膜电阻器实物

碳膜电阻器是目前用量最大、价格最低的固定电阻器。它具有制作简单、成本低、体积小、质量小，稳定性和精度较高，噪声和自身电感较小等优点，但其负荷功率不大，额定功率一般不超过 1W，且耐热性较差。金属膜电阻器的体积小、精度高、稳定性好、温度系数小、噪声小、耐热性好、可靠性高，但高温下容易氧化，故其额定功率一般不超过 2W，通常应用在仪器仪表、通信设备等要求高精度、高可靠性的场合。金属氧化膜电阻器通常被简称为氧化膜电阻器，其高温下的化学性质稳定，但阻值范围窄，相比金属膜电阻器，更容易制成低阻值、大功率的电阻器，额定功率一般为 1～5W。

② 线绕电阻器通常是采用高电阻率的合金线绕在绝缘骨架上制成的，外面涂有耐热的釉绝缘层或绝缘漆，如图 1.2 所示。也有的将电阻线绕于无感性耐热瓷件上，外面用特殊不燃性耐热水泥充填密封，做成水泥线绕电阻器（简称水泥电阻器），如图 1.3 所示。线绕电阻器在较宽的温度范围内有很小的温度系数，耐高温，功率容量大，可制成大功率精密电阻器，但其阻值增大时体积随之增大较多，不宜做成阻值较大的电阻器，且由于自身电感较大，不宜用于高频电路中。

图 1.2　线绕电阻器实物

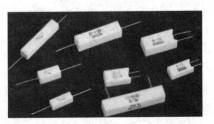

图 1.3　水泥线绕电阻器实物

③ 实心电阻器是用导电材料与有机填料、热固性树脂配制成电阻粉，经过加热压制而成的，如图 1.4 所示。其最大的优点是可靠性极高、耐脉冲冲击性好、品质稳定，主要用于一些高可靠性电路中。

图 1.4　实心电阻器实物

（2）电阻器按其阻值能否变化可以分为固定电阻器和可变电阻器。阻值固定的电阻器被称为固定电阻器，而阻值连续可变的电阻器被称为可变电阻器（也被称为微调电阻器或电位器）。电位器既有通孔安装形式的，也有表面贴装形式的，还有螺纹固定形式的，如图 1.5 所示。

图 1.5　几种电位器实物

电位器的制作材料和种类与固定电阻器的基本相同，但电位器的结构有很多种，形状与大小各异，其阻值的调节方式主要有旋转式和直滑式两种。调节时，有些需要使用工具进行，有些可用手直接进行调节。

通常，电位器在电路中主要用于调节电流或电压的大小，并通过改变电流或电压的大小，来实现手动改变电子产品中的一些可调节量，但随着单片机、A/D 转换和 D/A 转换及总线控制技术的应用越来越广泛，这些可调节量的调节方法已经普遍采用由单片机等控制器进行控制和调节的方式，使得电子产品中电位器的使用数量越来越少，一些产品中甚至已经不再需要使用电位器了。

（3）电阻器按其安装形式可以分为带引脚电阻器和无引脚片状电阻器两大类。无引脚片状电阻器也被称为贴片电阻器，其外形可分为矩形、圆柱形、异形 3 种，最常见的是矩形贴片电阻器，也被称为电阻器，如图 1.6 所示。由于贴片电阻器具有体积小、质量小、成本低、耐潮湿、耐高温、可靠性高、稳定性好、便于实现自动化安装等众多优点，伴随着电子产品小型化、低功耗的发展趋势，其已经被广泛应用于各种电子产品之中。

图 1.6　矩形、圆柱形贴片电阻器实物

（4）电阻器按其用途可以分为普通电阻器和特殊电阻器两大类。普通电阻器就是以上介绍的各类电阻器。特殊电阻器主要包括熔断电阻器和敏感电阻器。

① 熔断电阻器是一种具有熔断丝和电阻器双重功能的元件。在正常情况下，具有普通电阻器的电气性能；一旦电路出现故障，则会因过负荷（过电流）在很短时间内熔断开路，从而起到保护其他元器件的作用。

② 敏感电阻器是指阻值特性对温度、电压、湿度、光照、气体、磁场、压力等作用敏感的电阻器，属于传感器中的一种。较为常用的敏感电阻器有压敏电阻器、热敏电阻器、光敏电阻器、湿敏电阻器、气敏电阻器、力敏电阻器等。

除此以外，在实际应用中，我们还经常会将多个阻值相同的固定电阻器集中封装在一起，并且根据电路连接的需要构成不同的内部电路结构，组合制成一种复合电阻器网络，我们称其为网络电阻器或网路电阻器，也称为电阻器排，简称排阻。排阻既有通孔安装形式的，也有表面贴装形式的，如图 1.7 所示。使用排阻有装配简便、提高安装密度等好处。

图 1.7　排阻实物

2）电阻器的主要性能参数

固定电阻器的主要性能参数包括标称阻值、允许偏差和额定功率。

（1）标称阻值：标注在电阻器上的电阻值被称为标称阻值，是电阻器生产的规定值，单位有 Ω、kΩ 和 MΩ。

标称阻值是根据国际电工委员会（International Electrotechnical Commission，IEC）发布的 E 系列优先数系确定的，不是生产者或使用者任意确定的，也就是说，不是所有阻值的电阻器都有生产和销售。

E 系列优先数系是以 $\sqrt[n]{10}$（n＝3、6、12、24、48、96、192）为公比的几何级数，分别被称为 E3 系列、E6 系列、E12 系列、E24 系列、E48 系列、E96 系列和 E192 系列。其中，E48 系列、E96 系列和 E192 系列采用 3 位有效数字，主要用于精密电阻器；其他系列采用 2 位有效数字。实际上，不仅是电阻器的标称阻值，几乎所有的无源元件的标称值都是按照 E 系列优先数系确定的，如电容器的标称容量、电感器的标称电感量等。

表 1.1 列出了所有 E 系列优先数系所确定的数值。在实际应用中，对于普通精度的电阻器，通常采用 E24 系列（误差±5%）；对于高精度应用场合，一般使用 E48 系列（误差±2%）或 E96 系列（误差不超过±1%）。

表 1.1　E 系列优先数系

E3	10				22				47			
E6	10		15		22		33		47		68	
E12	10	12	15	18	22	27	33	39	47	56	68	82
E24	10	11	12	13	15	16	18	20	22	24	27	30
	33	36	39	43	47	51	56	62	68	75	82	91
E48	100	105	110	115	121	127	133	140	147	154	162	169
	178	187	196	205	215	226	237	249	261	274	287	301
	316	332	348	365	383	402	422	442	446	487	511	536
	562	590	619	649	681	715	759	787	825	866	909	953

续表

E96	100	102	105	107	110	113	115	118	121	124	127	130
	133	137	140	143	147	150	154	158	162	165	169	174
	178	182	187	191	196	200	205	210	215	221	226	232
	237	243	249	255	261	267	274	280	287	294	301	309
	316	324	332	340	348	357	365	374	383	392	402	412
	422	432	442	453	464	475	487	499	511	523	536	549
	562	576	590	604	619	634	649	665	681	698	715	732
	750	768	787	806	825	845	866	887	909	931	953	976
E192	100	101	102	104	105	106	107	109	110	111	113	114
	115	117	118	120	121	123	124	126	127	129	130	132
	133	135	137	138	140	142	143	145	147	149	150	152
	154	156	158	160	162	164	165	167	169	172	174	176
	178	180	182	184	187	189	191	193	196	198	200	203
	205	208	210	213	215	218	221	223	226	229	232	234
	237	240	243	246	249	252	255	258	261	264	267	271
	274	277	280	284	287	291	294	298	301	305	309	312
	316	320	324	328	332	336	340	344	348	352	357	361
	365	370	374	379	383	388	392	397	402	407	412	417
	422	427	432	437	442	448	453	459	464	470	475	481
	487	493	499	505	511	517	523	530	536	542	549	556
	562	569	576	583	590	597	604	612	619	626	634	642
	649	657	665	673	681	690	698	706	715	723	732	741
	750	759	768	777	787	796	806	816	825	835	845	856
	866	876	887	898	909	920	931	942	953	965	976	988

（2）允许偏差：标称阻值与实际阻值之间允许的最大偏差范围被称为电阻器的允许偏差，是衡量电阻器精度的指标，也被称为允许误差或精度，通常用相对偏差值的百分比来表示，其计算公式如下：

$$电阻器的允许偏差 = \frac{实际阻值 - 标称阻值}{标称阻值} \times 100\%$$

在实际应用中，常用英文字母来表示电阻器的允许偏差值的等级，如表 1.2 所示。最常用的普通精度电阻器为 J 级（±5%），精密电阻器一般为 G 级（±2%）、F 级（±1%）、D 级（±0.5%）和 B 级（±0.1%）。

表 1.2 允许偏差的符号表示

	等级符号	Y	X	E	L	P	W	B
对称偏差	允许偏差（%）	±0.001	±0.002	±0.005	±0.01	±0.02	±0.05	±0.1
	等级符号	C	D	F	G	J	K	M
	允许偏差（%）	±0.25	±0.5	±1	±2	±5	±10	±20
不对称偏差	等级符号	R	S	Z				
	允许偏差（%）	+100 −10	+50 −20	+80 −20				

（3）额定功率：在产品标准规定的大气压和额定温度下，电阻器在电路中长时间连续工作不损坏或不显著改变其性能所允许承受的最大功率。常用的电阻器额定功率有 1/20W、

1/16W、1/8W、1/6W、1/4W、1/2W、1W、2W、3W、5W、10W、20W 等，其中 1/20W 和 1/16W 的电阻器都是贴片电阻器。

（4）贴片电阻器的外形尺寸：对于贴片电阻器来说，除标称阻值、允许偏差和额定功率外，外形尺寸也是其非常重要的一个参数，通常采用 4 位数字来表示其长度值和宽度值，被称为尺寸代码，实物如图 1.8 所示，前 2 位数字表示长度，后 2 位数字表示宽度，有英制和米制两种表示方法，目前常用的是英制尺寸代码。例如，0402 表示长度为 0.04 英寸（in，1in ≈2.54cm），宽度为 0.02 英寸；对应的米制尺寸代码为 1005，即长度为 1.0mm，宽度为 0.5mm。按照日本工业标准（Japanese Industrial Standards，JIS），常用的贴片电阻器共有 7 种尺寸规格，其外形尺寸代码如表 1.3 所示。在目前的实际应用中，一般设备中使用较多的是 0603 和 0805 系列，1206 系列使用较少，而在小型设备中，使用较多的是 0402 系列，随着表面组装器件（Surface Mount Device，SMD）制造技术的发展，近年来已经出现了 0201 系列的贴片电阻器，而对于 1206 以上系列的贴片电阻器，由于其外形尺寸相对较大，已经很少使用了。

图 1.8 贴片电阻器的外形尺寸

表 1.3 常用贴片电阻器的外形尺寸代码

英制/米制尺寸代码	外形长度 L /(in/mm)	外形宽度 M /(in/mm)
0402/1005	0.04/1.0	0.02/0.5
0603/1608	0.06/1.6	0.03/0.8
0805/2012	0.08/2.0	0.05/1.2
1206/3216	0.12/3.2	0.06/1.6
1210/3225	0.12/3.2	0.10/2.5
2010/5025	0.20/5.0	0.10/2.5
2512/6432	0.25/6.4	0.12/3.2

在实际生产过程中，一些工厂里通常只使用英制代码的后 2 位来表示尺寸，如 02、03、05、06 分别表示 0402、0603、0805、1206 系列的贴片电阻器。

除此之外，固定电阻器还有温度系数（稳定性）、最大工作电压和噪声等性能指标。而电位器除了以上参数，比较重要的指标还有阻值变化规律和动态噪声。阻值变化规律是指当调节旋转或滑动机构时，阻值随之变化的规律，常用的有直线（线性）式、对数式和指数式；动态噪声是指在阻值调节过程中产生的噪声。

3）电阻器的型号命名方法

（1）固定电阻器的命名方法：根据我国国家标准《电子设备用固定电阻器、固定电容器型号命名方法》（GB/T 2470—1995）的规定，带引脚的普通电阻器型号的命名由 4 个部分组成：

第 1 部分为产品的主称，用字母 R 表示；
第 2 部分为产品的主要材料，用一个字母表示，如表 1.4 所示；
第 3 部分为产品的主要特征，用一个数字或一个字母表示，如表 1.5 所示；
第 4 部分为序号，一般用数字表示。

表 1.4 固定电阻器材料表示的符号及意义

符号	意义	符号	意义	符号	意义	符号	意义
T	碳膜	N	无机实心	Y	氧化膜	I	玻璃釉膜
H	合成膜	J	金属膜（箔）	S	有机实心	X	线绕

表1.5 固定电阻器的主要特征部分数字或字母的表示

数字或字母	意义	数字或字母	意义	数字或字母	意义	数字或字母	意义
1	普通	4	高阻	7	精密	G	功率型
2	普通	5	高温	8	高压		
3	超高频	6	—	9	特殊		

材料、特征相同,仅尺寸、性能指标略有不同,但基本不影响互换的产品可以用同一序号;当尺寸、性能指标已有明显差别影响互换时(但该差别并非是本质的,而属于在技术标准上进行统一的问题),仍给同一序号,但在序号后用一个字母作为区别代号,此时该字母作为该型号的组成部分,但在统一该产品技术标准时,应取消区别代号。

在实际应用时,一个完整的电阻器型号还应该包括其标称阻值、允许偏差和额定功率等主要参数,各部分之间通常用"-"间隔。例如,RT14-0.25W-5.1kΩ-J表示普通碳膜电阻器,其标称阻值为5.1kΩ,额定功率为0.25W,允许偏差为±5%。

对于贴片电阻器型号的命名,目前还没有统一的标准,比较常用的贴片电阻器的型号命名方法如表1.6所示,分为6个部分:第1部分为产品的主称代号,用字母RC表示,其中R(Resistor)表示电阻器,C(Chip)表示贴片形式;第2部分为尺寸代码,一般只使用2位数字,也就是上面介绍的尺寸代码中的后2位;第3部分为标称阻值,普通精度(E24系列)电阻器采用3位数字,精密电阻器(E48以上系列)采用4位数字;第4部分为允许偏差,用一个字母表示;第5部分为温度系数,用一个字母表示;第6部分为包装方法,用一个字母表示。

表1.6 常用贴片电阻器的型号命名方法

产品主称代号		尺寸代码		标称阻值		允许偏差		温度系数		包装方法	
符号	意义	符号	意义	系列	意义	符号	意义	符号	意义	符号	意义
RC	贴片电阻器	02	0402	E24	2位有效数字,1位幂级倍率	同表1.2		K	≤±100ppm/℃	T	编带包装
		03	0603					L	≤±250ppm/℃		
		05	0805	E48以上	3位有效数字,1位幂级倍率			U	≤±400ppm/℃	B	塑盒散装
		06	1206					M	≤±500ppm/℃		

例如,RC05103JKT中的RC表示贴片电阻器,05表示其外形尺寸为0805,即长度为0.08英寸(2.0mm),宽度为0.05英寸(1.2mm);103表示其阻值为10kΩ;J表示允许偏差为±5%;K表示温度系数不大于±100ppm/℃;T表示编带包装。

(2)电位器的命名方法:根据我国电子行业标准《电子设备用电位器型号命名方法》(SJ/T 10503—1994)的规定,电位器型号的命名由4个部分组成:第1部分为电位器代号,用字母W表示;第2部分为电位器的电阻体材料代号,用一个字母表示,如表1.7所示;第3部分为电位器的类别代号,用一个字母表示,如表1.8所示;第4部分为序号,用阿拉伯数字表示。

项目1 准备工艺

表 1.7 电位器电阻体材料表示的代号及意义

代号	材料	代号	材料	代号	材料
H	合成碳膜	I	玻璃釉膜	Y	氧化膜
S	有机实心	X	线绕	D	导电塑料
N	无机实心	J	金属膜	F	复合膜

表 1.8 电位器的类别代号

代号	类别	代号	类别
G	高压类	D	多圈旋转精密类
H	组合类	M	直滑式精密类
B	片式类	X	旋转低功率类
W	螺杆驱动预调类	Z	直滑式低功率类
Y	旋转预调类	P	旋转功率类
J	单圈旋转精密类	T	特殊类

4）电阻器规格的标注方法

对于非贴片电阻器和电位器，常用的规格标注方法有：文字符号直标法和色标法。通常，额定功率在 2W 以下的电阻器，由于其体积较小，表面积有限，一般采用色标法，仅标注出标称阻值和允许偏差，额定功率不标出，可通过外形尺寸来判定；2W 以上的电阻器，一般采用文字符号直标法，其额定功率也会在电阻体上用数字标出。

（1）文字符号直标法就是用数字和符号在元器件本体上标出其主要参数的标注方法。这种方法又可以分为 3 种不同的表示方式：第 1 种是将阻值和允许偏差直接用完整的数值表示，如 2.7kΩ±5%；第 2 种方式是用单位 Ω、k、M 或字母 R 来代替小数点，以防止由于小数点印刷不清引起误读，并减少需要标注的字符个数，如 3Ω9 或 3R9 都表示 3.9Ω，2k7 表示 2.7kΩ，R51 表示 0.51Ω；第 3 种是采用科学计数法的方式，普通精度的电阻器用 3 位数码表示阻值，而精密电阻器则用 4 位数码表示阻值，允许偏差采用相应字母表示，3 位数码中的前 2 位数字为阻值的有效数字，4 位数码中的前 3 位数字为阻值的有效数字，最后 1 位数字表示幂级倍率，即 $\times 10^n$（$n=0\sim 8$，$n=9$ 时代表 10^{-1}），单位为 Ω。

例如，在 102J 中，102 表示阻值为 $10\times 10^2=1000$（Ω），J 表示允许偏差为 ±5%（可参考表 1.2），即阻值为 1kΩ×（1±5%）。

（2）色标法也被称为色码法，是用不同颜色的色环或色点代表不同的数字和允许偏差，并按照一定的组合规律来表示元器件的主要参数的标注方法。对于电阻器来说，通常使用色环来标注，故也将使用此种方法标注的电阻器称为色环电阻器。色环电阻器通常有四色环法和五色环法两种标注方法。四色环法表示的阻值有效数字只有 2 位，一般用于普通精度的电阻器，而五色环法表示的阻值有效数字有 3 位，可用于精密电阻器。色标法中用到的各种颜色及每种颜色代表的数字和允许偏差如表 1.9 所示，表中每种颜色代表的意义不仅适用于色环电阻器，也适用于其他元器件。

表 1.9　色标法中各种颜色表示的意义

颜色	意义		
	有效数字	幂级倍率	允许偏差
黑色	0	10^0	
棕色	1	10^1	±1%
红色	2	10^2	±2%
橙色	3	10^3	
黄色	4	10^4	
绿色	5	10^5	±0.5%
蓝色	6	10^6	±0.25%
紫色	7	10^7	±0.1%
灰色	8	10^8	±0.05%
白色	9	10^9	
金色		10^{-1}	±5%
银色		10^{-2}	±10%
无色			±20%

色环电阻器的色环识读顺序如图 1.9 和图 1.10 所示。通常，表示允许偏差的最后一道色环与前一道色环之间的间隔距离要略大于其他色环之间的间隔距离。图 1.9 中四道色环的颜色依次为绿色、蓝色、黄色和金色，因此阻值的 2 位有效数字为 56（绿色和蓝色），幂级倍率为 10^4（黄色），其阻值为 $56×10^4＝560$（kΩ），允许偏差为 ±5%（金色）；图 1.10 中五道色环的颜色依次为红色、橙色、紫色、黑色和金色，因此阻值的 3 位有效数字为 237（红色、橙色和紫色），幂级倍率为 10^0（黑色），其阻值为 $237×10^0＝237$（Ω），允许偏差为 ±5%（金色）。

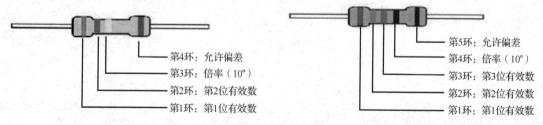

图 1.9　四色环电阻器的识读方法　　　　图 1.10　五色环电阻器的识读方法

圆柱形电阻器都采用色环来标注，贴片电阻器则根据其外形尺寸而定。小尺寸（0805 以下）的电阻器一般不做标注，大尺寸的一般采用黑底白字直接在其顶面标注出标称阻值，标注的方法同以上文字符号直标法中的后两种方式。对于 E48、E96 系列的精密贴片电阻器，也有很多厂商采用 2 位数字代码加 1 个字母代码的方法在其顶面标注出标称阻值，其中前面的 2 位数字代码表示 3 位有效数字，如表 1.10 所示，最后 1 个字母代码代表幂级倍率，如表 1.11 所示。

项目1 准备工艺

表 1.10 精密贴片电阻器数字代码的含义

代码	含义 E48	含义 E96	代码	含义 E48	含义 E96	代码	含义 E48	含义 E96	代码	含义 E48	含义 E96
01	100	100	25	178	178	49	316	316	73	562	562
02		102	26		182	50		324	74		576
03	105	105	27	187	187	51	332	332	75	590	590
04		107	28		191	52		340	76		604
05	110	110	29	196	196	53	348	348	77	619	619
06		113	30		200	54		357	78		634
07	115	115	31	205	205	55	365	365	79	649	649
08		118	32		210	56		374	80		665
09	121	121	33	215	215	57	383	383	81	681	681
10		124	34		221	58		392	82		698
11	127	127	35	226	226	59	402	402	83	715	715
12		130	36		232	60		412	84		732
13	133	133	37	237	237	61	422	422	85	750	750
14		137	38		243	62		432	86		768
15	140	140	39	249	249	63	442	442	87	787	787
16		143	40		255	64		453	88		806
17	147	147	41	261	261	65	464	464	89	825	825
18		150	42		267	66		475	90		845
19	154	154	43	274	274	67	487	487	91	866	866
20		158	44		280	68		499	92		887
21	162	162	45	287	287	69	511	511	93	909	909
22		165	46		294	70		523	94		931
23	169	169	47	301	301	71	536	536	95	953	953
24		174	48		309	72		549	96		976

表 1.11 精密贴片电阻器字母代码的含义

代码	含义	代码	含义	代码	含义	代码	含义
A	10^0	D	10^3	G	10^6	Y	10^{-2}
B	10^1	E	10^4	H	10^7	Z	10^{-3}
C	10^2	F	10^5	X	10^{-1}		

扫一扫看电容器微课视频

例如,参照表 1.10 和表 1.11,02C 表示 $102 \times 10^2 = 10.2$(kΩ),15E 表示 $140 \times 10^4 = 1.4$(MΩ)。

2. 电容器

由中间夹有绝缘材料(电介质)的两个导体所构成的元件,即为电容器(Capacitor),它是存储电荷或存储电场能量的"容器",所以是一种储能元件,具有"隔直通交阻低频"

的特性。

电容器也是较常用、基本的电子元件之一，用量仅次于电阻器，在电路中的主要功能是隔直流通交流，可用于交流耦合、隔离直流、滤波或旁路、RC 定时、LC 谐振选频和移相等电路。

1）电容器的分类

电容器按容量能否变化可以分为固定电容器和可变电容器两大类。固定电容器是指电容量固定不变的电容器。可变电容器是指电容量可以调整改变的电容器，既有带引脚通孔安装形式的，也有表面贴装形式的，如图 1.11 所示。可变电容器通常由两片或两组小型金属片中间夹着介质制成，调节两金属片间的距离或重合的面积，就可以改变电容器的电容量，它的介质有空气、陶瓷、云母、薄膜等。可变电容器主要应用在一些频率或相位调整电路上，但随着锁相环（Phase-Locked Loop，PLL）和电调谐技术的广泛应用，可变电容器的使用越来越少，目前，绝大多数电子设备中已不再使用可变电容器。

图 1.11　可变电容器的实物

另外，电容器还可以按介质材料、用途和有无极性等多方面来分类。在实际应用中，通常根据介质材料的不同进行分类，电容器可分为许多种类，如纸介电容器、金属化纸介电容器、云母电容器、电解电容器、薄膜电容器和陶瓷电容器等，其中纸介电容器和金属化纸介电容器由于稳定性和频率特性不好，目前基本上已不再使用，而在实际应用中，较常用的是电解电容器、薄膜电容器和陶瓷电容器三大类。

（1）电解电容器：以金属和电解质为电极，且金属为正极，电解质为负极的电容器被称为电解电容器。根据所使用的金属材料不同，电解电容器又可以分为铝电解电容器、钽电解电容器和铌电解电容器，其中铝电解电容器最为常用，钽电解电容器较为常用，铌电解电容器很少使用。

① 铝电解电容器的实物如图 1.12 所示。在铝电解电容器外壳上有标记线对应的引脚为负极。

图 1.12　铝电解电容器的实物

② 钽电解电容器可分为固态钽电解电容器和液态钽电解电容器，最常用的是固态钽电解电容器。钽电解电容器既有引脚通孔安装形式的，也有片状表面贴装形式的，实物如图1.13所示。主体一般为黑色树脂封装或浅黄色塑料封装，与铝电解电容器相反，有标记线的一端为正极。

图1.13 钽电解电容器的实物

与铝电解电容器相比较，钽电解电容器的体积小，稳定性和可靠性高，但价格高，耐反向电压能力差，通常用于一些对电容量的稳定性和精度要求较高的场合，如通信类电子产品或投资类电子产品中。

相比于其他种类的电容器，电解电容器单位体积的容量应该是最大的，很轻易就可以做到几千微法的容量，但其损耗也较大，温度稳定性较差。电解电容器具有正负极性，因此，在使用时必须注意极性不能接反。另外，铝电解电容器对工作环境温度的要求较高，应远离大功率发热元器件，储存于温度较低和干燥的环境中。长期存放后（2年以上），其漏电流有增加的趋势，且当周围温度较高时，这种增加的趋势更为明显，因此，在使用之前，应对其先进行额定电压充电处理，使其漏电流减到正常值。

（2）薄膜电容器：由两层锡箔电极和夹在锡箔中间的低损耗聚酯薄膜介质组成，并折叠成扁长方体，外加硬塑外壳或树脂密封而成。如图1.14和图1.15所示，根据薄膜介质的不同，薄膜电容器又可以分为聚酯膜电容器、聚丙烯膜电容器、金属化聚酯膜电容器、金属化聚丙烯膜电容器等。

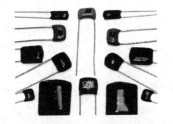 

图1.14 聚酯膜、聚丙烯膜电容器的实物　　图1.15 金属化聚酯膜、金属化聚丙烯膜电容器的实物

由于薄膜在耐热性和降低厚度方面存在一定困难，薄膜电容器在各类电容器中最晚实现片状表面贴装形式的封装，目前以超薄的聚酯膜介质为主，采用矩形塑封，外形和内部结构一般如图1.16所示。

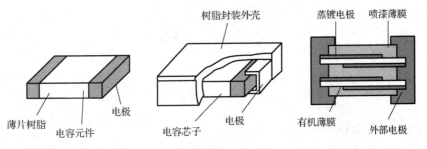

图1.16 表面贴装薄膜电容器的结构

薄膜电容器的温度稳定性好、精度高、损耗小、抗脉冲能力强、耐压高、可靠性高、成本低，应用场合较广，但由于其单位体积的容量不大，所以常用的薄膜电容器的容量一般在 1μF 以下。

（3）陶瓷电容器：在一块瓷片的两边涂上金属电极而制成。带引脚封装的一般为扁圆形，也被称为瓷介电容器或瓷片电容器；贴片陶瓷电容器则一般为长方体，其封装尺寸代码与贴片电阻器相似。陶瓷的绝缘性能良好，可制成高压电容器。陶瓷电容器的实物如图 1.17 所示。

图 1.17　陶瓷电容器的实物

陶瓷电容器的品种较多，按介质材料分，有高介电常数介质材料陶瓷电容器和低介电常数介质材料陶瓷电容器；按外形结构分，有管形、筒形、圆片形、叠片形等陶瓷电容器；按工作电压分，有高压陶瓷电容器和低压陶瓷电容器；按频率分，有高频型陶瓷电容器和低频型陶瓷电容器。其中，介质材料对陶瓷电容器的温度特性起决定性的作用，通常，在陶瓷电容器的型号标识中，将其介质材料分为Ⅰ类、Ⅱ类和Ⅲ类 3 种，Ⅰ类陶瓷电容器的性能最稳定，基本上不随电压、时间变化，受温度变化的影响也极小，属于超稳定、低损耗类型，适合在高频电路中用于调谐、振荡和温度补偿等，但该类陶瓷电容器的容量一般较小；Ⅱ类陶瓷电容器的容量会随温度、电压、时间改变，但变化不显著，属于稳定性类型，常用于隔直、耦合、旁路、滤波等电路；Ⅲ类陶瓷电容器的介质材料具有很高的介电常数，可生产容量较大的电容器，但其稳定性和损耗相对较差，属于低频通用型陶瓷电容器，常用于对容量变化要求不高、损耗要求不太严格的场合。

陶瓷电容器结构简单，原料丰富，便于大量生产，是应用极为广泛的电容器，其损耗角正切值与频率无关，适用于高频电路，缺点是机械强度低、易碎易裂。另外，陶瓷电容器的容量做不大，通常，圆片陶瓷电容器的容量在 1μF 以下，限制了它的应用范围，但随着片状多层陶瓷电容器的出现，这种状况得到了改变，目前，片状多层陶瓷电容器的容量已经可以达到几百微法了。

（4）云母电容器：云母是一种极为重要的、优良的无机绝缘材料。天然云母为含水硅酸铝，它具有介电强度高、介电常数大、损耗小、化学稳定性高、耐热性好等优点。以天然云母作为介质制成的就是云母电容器，如图 1.18 所示。但云母电容器受介质材料的影响，容量不能做得太大，一般为 10pF～51nF。

图 1.18　云母电容器的实物

云母电容器稳定性好、损耗小、可靠性高、精度高、耐压高、分布电感小，但容量不大，适用于高频和高压电路。云母材料来源有限、成本高、生产工艺复杂、体积也大于陶瓷电容

器,因此,只在一些精度和稳定性要求很高的高频电路中使用。

2)电容器的主要性能参数

电容器的主要性能参数有标称电容量、误差精度、额定工作电压、击穿电压、绝缘电阻与漏电流、损耗角正切值、频率特性、温度系数等。

(1)标称电容量与误差精度。标称电容量指标注在电容器上的电容量。电容器实际电容量与标称电容量的偏差被称为误差,允许的偏差范围被称为误差精度。

和电阻器类似,在实际应用中,也使用英文字母来表示电容器的精度等级,如表1.12所示。通常,电解电容器一般为 M 级(±20%),薄膜电容器一般为 J 级(±5%)和 K 级(±10%),陶瓷电容器一般为 J 级(±5%)、K 级(±10%)和 Z 级(−20%~+80%),而绝对偏差等级 A、B、C、D 通常只使用在容量小于 10pF 的电容器中。

表1.12 电容器误差精度的字母代号

对称偏差	等级符号	A	B	C	D				
	绝对偏差	±0.05pF	±0.1pF	±0.25pF	±0.5pF				
	等级符号	E	F	G	H	J	K	L	M	S	N
	相对偏差(%)	±0.5	±1.0	±2.0	±2.5	±5	±10	±15	±20	±22	±30
不对称偏差	等级符号	P	Q	T	U	W	Y	Z	
	相对偏差(%)	+100 −0	+30 −10	+50 −10	+75 −10	+100 −10	+50 −20	+80 −20	

(2)额定工作电压与击穿电压。当电容器两极板之间所加的电压达到某一数值时,电容器就会在短时间内被击穿,该电压被称为电容器的击穿电压。

电容器的额定工作电压又被称为电容的耐压,它是指电容器长期安全工作所允许施加的最大直流电压,其值通常为击穿电压的一半。

电容器额定工作电压的取值通常采用 R 系列优先数系,即以 $\sqrt[n]{10}$(n=5、10、20、40、80)为公比的几何级数。对于铝电解电容器,常用的额定工作电压值有 4V、6.3V、10V、16V、25V、35V、50V、63V、100V、160V、200V、250V、350V、400V、450V 等;其他电容器常用的额定工作电压值有 4V、6.3V、10V、16V、25V、35V、50V、63V、100V、160V、200V、250V、400V、630V、1000V、1600V 和 2000V 等。除直接用数字标出额定工作电压值外,还可使用一位数字加一个字母组合起来的符号表示额定工作电压,数字表示 10 的幂级倍率,字母表示一定的基数,如表1.13所示。

表1.13 电容器额定工作电压的字母代号

字母代号	A	B	C	D	E	F	G	H	J	K	V	W
基数值	1.0	1.25	1.6	2.0	2.5	3.15	4.0	5.0	6.3	8	3.5	4.5

例如,参照表1.13中字母代号的数值,$0J=10^0\times6.3=6.3$(V),$1H=10^1\times5.0=50$(V),$2A=10^2\times1.0=100$(V)。

(3)绝缘电阻与漏电流。绝缘电阻指电容器两极之间的电阻,也被称为漏电阻。在理想情况下,电容器的绝缘电阻应为无穷大;在实际情况下,电容器的绝缘电阻一般为 $10^8\sim10^{10}\Omega$。

由于存在漏电阻,所以任何电容器在工作时都有漏电流存在。漏电流过大会使电容器受损、发热失效而导致电路发生故障。电解电容器的漏电流较大,而其他类型电容器的漏电流极小。

电容器的绝缘电阻越大越好。绝缘电阻变小，则漏电流增大，损耗也增大，严重时会影响电路的正常工作。

（4）损耗角正切值。电容器在电场作用下，在单位时间内因发热所消耗的能量被称为损耗，通常用损耗角正切值来表示。各类电容器都规定了其在某频率范围内的损耗允许值，这些损耗主要是由介质损耗、电导损耗和电容器内部所有金属部分的电阻所引起的。在直流电场的作用下，电容器的损耗以漏导损耗的形式存在，一般较小；在交变电场的作用下，电容器的损耗不仅与漏导有关，而且与周期性的极化建立过程有关。

（5）频率特性。频率特性是指电容器的电参数随电场频率而变化的性质。由于介质的介电常数在高频时比低频时小，所以随着频率的上升，一般电容器的电容量呈现下降的规律，损耗也随频率的升高而增加。另外，在高频工作时，电容器的分布参数，如极片电阻、引脚和极片间的电阻、极片的自身电感、引脚电感等，都会影响电容器的性能。所有这些使得电容器的使用频率受到限制。

（6）温度系数。在一定温度范围内，温度每变化1℃，电容量的相对变化值被称为温度系数。为使电路工作稳定，电容器的温度系数越小越好。

（7）电解电容器的工作温度范围。电解电容器的工作温度范围是指在加电工作时，其他各项指标都保持在技术规格所给定的限制范围内的温度范围。常见的温度上限有+85℃、+105℃、+125℃，常见的温度下限有-25℃、-40℃、-55℃，最常见的温度范围是-25℃～+85℃，较常见的温度范围是-40℃～+85℃、-40℃～+105℃等。

（8）贴片陶瓷电容器的外形尺寸。类似于贴片电阻器，贴片陶瓷电容器的外形尺寸也是其非常重要的一个参数，其尺寸代码也采用4位数字来表示其外形长度和外形宽度，表示方法与贴片电阻器相同。常用贴片陶瓷电容器的外形尺寸代码如表1.14所示，目前用量最大的是0603和0402系列。

表1.14 常用贴片陶瓷电容器的外形尺寸代码

英制/米制尺寸代码	外形长度 L /（in/mm）	外形宽度 M /（in/mm）
0201/0603	0.02/0.6	0.01/0.3
0402/1005	0.04/1.0	0.02/0.5
0603/1608	0.06/1.6	0.03/0.8
0805/2012	0.08/2.0	0.05/1.2
1206/3216	0.12/3.2	0.06/1.6
1210/3225	0.12/3.2	0.10/2.5
1808/4520	0.18/4.5	0.08/2.0
1812/4532	0.18/4.5	0.12/3.2
2220/5750	0.22/5.7	0.20/5.0

3）电容器的型号命名方法

固定电容器的型号命名方法由我国国家标准《电子设备用固定电阻器、固定电容器型号命名方法》（GB/T 2470—1995）所规定。按照规定，带引脚的电容器的型号一般由4个部分组成：第1部分为主称，用字母C表示电容器；第2部分为介质材料，用一个字母表示，如表1.15所示；第3部分为特征分类，一般用数字表示，个别用字母表示，如表1.16所示；第4部分为序号，用数字表示。

表1.15 电容器介质材料的符号

符号	意义	符号	意义	符号	意义
A	钽电解	H	复合介质	Q	漆膜介质
B[①]	非极性有机薄膜介质	I	玻璃釉介质	S	III类陶瓷介质
C	I类陶瓷介质	J	金属化纸介质	T	II类陶瓷介质
D	铝电解	L[②]	极性有机薄膜介质	V	云母纸介质
E	其他材料电解	N	铌电解	Y	云母介质
G	合金电解	O	玻璃膜介质	Z	纸介质

① 用B表示聚苯乙烯薄膜介质,采用其他薄膜介质时,在B的后面再加一个字母来区分具体使用的材料。区分具体材料的字母由有关规范规定。例如,介质材料是聚丙烯薄膜介质时,用BB表示。

② 用L表示聚酯膜介质,采用其他薄膜介质时,在L的后面再加一个字母来区分具体使用的材料。区分具体材料的字母由有关规范规定。例如,介质材料是聚碳酸酯薄膜介质时,用LS表示。

表1.16 电容器特征部分的符号

数字	瓷介电容器	云母电容器	有机介质电容器	电解电容器
1	圆形	非密封	非密封(金属箔)	箔式
2	管形(圆柱)	非密封	非密封(金属化)	箔式
3	叠片	密封	密封(金属箔)	烧结粉 非固体
4	多层(独石)	独石	密封(金属化)	烧结粉 固体
5	穿心		穿心	
6	支柱式		交流	交流
7	交流	标准	片式	无极性
8	高压	高压	高压	
9			特殊	特殊
G	高功率			

4) 电容的标注方法

电容的标注方法主要有文字符号法和色标法两种。

铝电解电容器由于体积较大,通常在其本体上直接标注标称容量、额定工作电压、最高工作温度和负极标记等,如图1.19所示,但表面贴装式铝电解电容器一般较小,只标注标称容量、额定工作电压和负极标记,且省略容量单位,默认为μF,如图1.20所示。

图1.19 普通铝电解电容器的标注

图1.20 表面贴装式铝电解电容器的标注

片状陶瓷电容器由于体积很小,一般不做标注。对于其他种类的电容器,一般标注标称容量、额定工作电压和误差精度,通常也采用单位代替小数点或科学计数法这两种方式来标注容量;精度则用相应的字母表示,若不标,则默认为±20%的误差,而额定工作电压也有直接用数字标出和按照表1.13的方式标注两种方法,若不标,则默认为50V。

例如，2n7J 表示 2.7nF＝2700pF，允许偏差为±5%；150nK 表示 150nF＝0.15μF，允许偏差为±10%；2A122K 表示 100V、1200pF，允许偏差为±10%；222K 表示 2200pF，允许偏差为±10%。

色标法则在小型电容器上使用比较多。需要注意的是，电容器读色环的顺序规定是从元件的顶部向引脚方向读，即顶部为第一环，靠引脚的是最后一环。色环颜色的规定与电阻器的色标法相同。

3．电感器和变压器

电感器（Inductor）也被称为线圈或电感线圈，是由导线在绝缘骨架上（也有不用骨架的）绕制而成的，是一种利用自感作用进行能量传输的元件。电感器在电路中具有耦合、滤波、阻流、补偿、调谐等作用。

扫一扫看电感器微课视频

变压器（Transformer）是一种利用电感线圈之间的互感原理来传输能量的元件。变压器具有变压、变流、变阻抗、耦合等主要作用。

1）电感器的分类

（1）电感器按电感量可否变化分为固定电感器和可变电感器。

固定电感器是根据不同电感量的需求，将不同直径的铜线绕在磁心上，再用塑料壳封装或用环氧树脂包封而成的。根据其体积大小、封装形状，固定电感器又有许多种类，常见的有色码（色环或色点）电感器、工字形电感器（包括塑封工字形电感器）、磁棒电感器和叠层电感器，分别如图 1.21～图 1.24 所示。

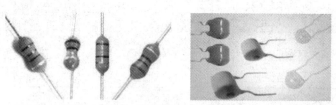

图 1.21 色码电感器的实物

图 1.22 工字形电感器的实物

图 1.23 磁棒电感器的实物

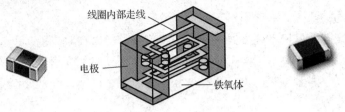

图 1.24 叠层电感器的内部结构和实物

可变电感器是指其电感量可以改变的电感线圈。当需要电感值跳变时，一般采用抽头式线圈，通过改变连接抽头的位置，使电感量发生变化；当需要电感值连续变化时，通常采用的方法是在线圈中插入磁心或铜心，改变磁心或铜心的位置即可改变线圈的电感量，这种电感器也被称为中周电感器，如图 1.25 所示。

图 1.25 中周电感器的实物

（2）电感器按导磁结构不同可分为磁心电感器和空心电感器等。

磁心电感器是将铜线绕在磁心上，根据磁心的形状不同又有磁棒电感器（见图 1.23）和磁环电感器（见图 1.26）之分。

空心电感器是将铜线先绕在一个骨架上，再将骨架抽离而制成的，实物如图 1.27 所示。

图 1.26 磁环电感器的实物　　　　图 1.27 空心电感器的实物

（3）电感器按照用途的不同还可以被分成许多种类，主要有振荡线圈、扼流线圈、耦合线圈和偏转线圈等。

2）电感器的主要性能参数

（1）电感量：也被称为自感系数，是表示电感元件自感应能力的一种物理量。当通过一个线圈的磁通发生变化时，线圈中便会产生电动势，这是电磁感应现象。所产生的电动势被称为感应电动势，感应电动势的大小正比于磁通变化的速度和线圈匝数。

（2）品质因数：储存能量与消耗能量的比值被称为品质因数 Q，具体表现为线圈的感抗 X_L 与线圈的损耗电阻 R 的比值，$Q = \dfrac{X_L}{R}$。

（3）分布电容：指线圈的匝与匝、层与层之间形成的电容效应。这些电容的作用可以看作一个与线圈并联的等效电容。

（4）电感线圈的直流电阻：即电感线圈的直流损耗电阻 R，其值通常在几欧到几百欧之间。

（5）额定电流：电感线圈在正常工作时，允许通过的最大电流被称为额定电流，也被称为线圈的标称电流值。当工作电流大于额定电流时，线圈就会发热，甚至被烧坏。

3）变压器的分类

变压器种类繁多，可按不同方式进行分类。变压器按工作频率的不同可分为高频变压器和低频变压器；按导磁材料的不同可分为磁心变压器、铁氧体变压器、硅钢片变压器等；按结构形式的不同可分为 E 型变压器、R 型变压器、C 型变压器、O 型变压器等。常见变压器的封装如图 1.28 所示。

图 1.28　常见变压器的封装

4）变压器的主要性能参数

（1）变压比 n：变压器的一次电压 U_1 与二次电压 U_2 的比值，或一次侧线圈匝数 N_1 与二次侧线圈匝数 N_2 的比值。

（2）额定功率：在规定的频率和电压下，变压器能长期工作而不超过规定温升的输出功率。

（3）效率：变压器的输出功率与输入功率的比值。一般来说，变压器的容量（额定功率）越大，其效率越高；容量（额定功率）越小，其效率越低。

（4）绝缘电阻：变压器各绕组之间及各绕组对铁心（或机壳）之间的电阻。

5）电感器和变压器的型号命名方法

电感器和变压器的型号命名没有统一的国家标准，各生产厂家有所不同，使用时必须参考生产厂家提供的数据资料。

6）电感器和变压器的标注方法

电感器的标注方法与电阻器、电容器相似，也有文字符号法和色标法。对于体积或顶面积较大的电感器，一般采用数字与符号直接标出其电感量、允许偏差和最大直流工作电流等主要参数；对于体积较小的电感器，则使用色环或色点标出其电感量和允许偏差。不管用哪种方式，其识读方法类似于电阻器或电容器，仅仅是单位不一样而已。

例如，303K 表示 $30×10^3 \mu H = 30mH$，允许偏差为 ±10%；R47M 表示 $0.47\mu H$，允许偏差为 ±20%。

4. 半导体分立器件

半导体分立器件种类繁多，通常可分为半导体二极管、晶体管、场效应晶体管和功率整流器件等。

1）半导体分立器件的型号命名方法

对于半导体分立器件的命名方法，国际上没有统一的标准，但大部分国家各自有相应的标准。在实际应用中，我们既会用到国产的半导体分立器件，也会用到一些进口的半导体分立器件，因此，在此列出了中国、日本、美国及欧洲等 4 种不同标准的半导体器件的型号命名方法。

（1）中国半导体分立器件的型号命名。根据中国国家标准《半导体分立器件型号命名方法》（GB/T 249—2017）中的规定，半导体分立器件的型号命名由 5 个部分组成：第 1 部分

为器件的电极数目,用数字表示,其中用 2 表示二极管,3 表示三极管;第 2 部分为制作材料和极性特征,用字母表示,如表 1.17 所示;第 3 部分为类别特征,用字母表示,如表 1.18 所示;第 4 部分为登记顺序号,用数字表示,用于区分相同材料、相同管型的同类别器件;第 5 部分为规格号,用字母表示,用于区分同种器件中某个参数的不同等级。

表 1.17 材料和极性的表示

分类	符号	意义
二极管	A	N 型,锗材料
	B	P 型,锗材料
	C	N 型,硅材料
	D	P 型,硅材料
	E	化合物或合金材料
三极管	A	PNP 型,锗材料
	B	NPN 型,锗材料
	C	PNP 型,硅材料
	D	NPN 型,硅材料
	E	化合物或合金材料

表 1.18 类别的表示

符号	意义	符号	意义	符号	意义
P	小信号管	A	高频大功率晶体管	CF	触发二极管
H	混频管	T	闸流管	DH	电流调整二极管
V	检波管	Y	体效应管	SY	瞬态抑制二极管
W	电压调整管和电压基准管	B	雪崩管	GS	光电子显示器
C	变容管	J	阶跃恢复管	GF	发光二极管
Z	整流管	CS	场效应晶体管	GR	红外发光二极管
L	整流堆	BT	特殊晶体管	GJ	激光二极管
S	隧道管	FH	复合管	GD	光电二极管
K	开关管	JL	晶体管阵列	GT	光电晶体管
N	噪声管	PIN	PIN 二极管	GH	光电耦合器
F	限幅管	ZL	二极管阵列	GK	光电开关管
X	低频小功率晶体管	QL	硅桥式整流器	GL	成像线阵器件
G	高频小功率晶体管	SX	双向三极管	GM	成像面阵器件
D	低频大功率晶体管	XT	肖特基二极管		

注:高频 $f_\alpha \geqslant 3MHz$,低频 $f_\alpha < 3MHz$,大功率 $P_c \geqslant 1W$,小功率 $P_c < 1W$。

例如,某个锗材料 PNP 型高频小功率晶体管的型号可以命名为 3AG11C。

(2)日本半导体器件的型号命名。按日本工业标准《半导体分立器件型号命名方法》(JIS-C-7012)的规定,半导体器件的型号由 5 个部分组成:第 1 部分用数字表示器件的有效电极数目或类型,如表 1.19 所示;第 2 部分用 S 表示该器件已在日本电子工业协会(Japan Electronics Industry Association,JEIA)注册登记;第 3 部分用字母表示器件的使用材料、极性和类型,如表 1.20 所示;第 4 部分用多位数字表示器件在日本电子工业协会的注册登记号,它不反映器件的任何特征,但注册登记号越大,表示产品越新;第 5 部分用字母 A、B、C、D 等表示这一器件是原型号产品的改进产品。

表 1.19　电极数目或类型的表示

符号	意义	符号	意义
0	光电二极管或晶体管及上述器件的组合管	3	具有 4 个有效电极或具有 3 个 PN 结的其他器件
1	二极管	⋮	⋮
2	晶体管或具有 2 个 PN 结的其他器件	n	具有 n 个电极的有效器件

表 1.20　材料、极性和类型的表示

符号	意义	符号	意义
A	PNP 型高频晶体管	G	N 控制极晶闸管
B	PNP 型低频晶体管	H	N 基极单结晶体管
C	NPN 型高频晶体管	K	N 沟道场效应晶体管
D	NPN 型低频晶体管	J	P 沟道场效应晶体管
F	P 控制极晶闸管	M	双向晶闸管

例如，2SC1815 表示 NPN 高频晶体管，2SA1015 表示 PNP 高频晶体管。

（3）美国半导体器件的型号命名。美国电子工业协会（Electronic Industries Alliance，EIA）的半导体分立器件型号命名由 5 个部分组成：第 1 部分用符号表示器件的类别，其中 JAN 或 J 表示为军用品，无符号则为非军用品；第 2 部分用数字表示 PN 结的数目，数字 n 表示该器件内包含了 n 个 PN 结；第 3 部分用字母 N 表示该器件已在美国电子工业协会注册登记；第 4 部分用多位数字表示该器件在美国电子工业协会的注册登记号；第 5 部分用字母 A、B、C、D 等表示同一型号器件的不同档别。

（4）欧洲半导体器件的型号命名。欧洲多数国家使用国际电子联合会的标准半导体分立器件型号命名方法，它由 4 个部分组成：第 1 部分用字母表示器件使用的材料，如表 1.21 所示；第 2 部分用字母表示器件的类型，如表 1.22 所示；第 3 部分用 3 位数字表示通用半导体器件的登记序号或用 1 个字母加 2 位数字表示专用半导体器件的登记序号；第 4 部分用字母 A、B、C、D、E 表示同一型号的半导体器件的分档。

表 1.21　材料的表示

符号	意义	符号	意义
A	锗材料	D	锡化铟
B	硅材料	R	复合材料，如霍尔元件和光电池使用的材料
C	砷化镓		

表 1.22　类型的表示

符号	意义	符号	意义
A	检波开关混频二极管	M	封闭磁路中的霍尔元件
B	变容二极管	P	光敏器件
C	低频小功率晶体管	Q	发光器件
D	低频大功率晶体管	R	小功率晶闸管
E	隧道二极管	S	小功率开关管
F	高频小功率晶体管	T	大功率晶闸管
G	复合器件及其他器件	U	大功率开关管
H	磁敏二极管	X	倍增二极管
K	开关磁路中的霍尔元件	Y	整流二极管
L	高频大功率晶体管	Z	稳压二极管

扫一扫看二极管微课视频

2）半导体二极管

二极管（Diode）由一个 PN 结、电极引脚及外壳封装构成。

二极管的最大特点是单向导电性，也就是在正向电压作用下，导通电阻很小；而在反向电压作用下，导通电阻极大或无穷大。其主要作用包括稳压、整流、检波、开关、光/电转换等。

（1）二极管的分类：按制作材料不同可分为锗二极管、硅二极管、砷化镓二极管等；按用途不同可分为整流二极管、开关二极管、检波二极管、变容二极管、稳压二极管、发光二极管、光电二极管等。

常用的各类二极管的实物如图 1.29 所示。

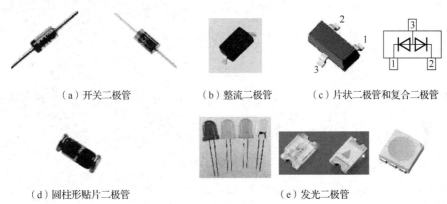

（a）开关二极管　　（b）整流二极管　　（c）片状二极管和复合二极管

（d）圆柱形贴片二极管　　（e）发光二极管

图 1.29　常用的各类二极管的实物

另外，在实际应用中，人们经常会把 4 只整流二极管构成的桥式电路封装在一起，称为桥堆，其实物如图 1.30 所示。

图 1.30　桥堆实物

（2）二极管的标注和识别：二极管的型号一般用字母和数字标注在表面，正、负极性也标注在其外壳上，常用的方法是在负极一端印上色环。对于发光二极管，一般根据引脚的长短来区分极性，其中长的引脚是正极；若其经过整形切脚，则可以通过透明的塑料封装观察引脚在内部所连接的金属片大小来辨别发光二极管的正、负极，小的金属片端为正极，大的金属片端为负极。贴片二极管外壳上有标志的一端为负极，而片式发光二极管外壳底部有箭头指向的一端为负极或外壳有缺角的为负极。

3）晶体管

晶体管（Transistor）是由 2 个 PN 结、3 个电极引脚及外壳封装构成的。晶体管除具有放大作用外，还能起电子开关、控制等作用，是电子电路与电子设备中广泛使用的基本器件。

晶体管按制作材料可分为锗管、硅管等；按结构不同可分为 NPN 管和 PNP 管；按封装形式不同可分为塑料封装管、金属封装管、玻璃封装管、陶瓷封装管等；按功率大小可分为小功率晶体管、中功率晶体管、大功率晶体管等；按工作频率可分为低频晶体管、高频晶体管、超高频（微波）晶体管等；按用途可分为放大管、开关管、达林顿管等。各种晶体管的实物如图 1.31 所示。

扫一扫看晶体管微课视频

图 1.31　晶体管实物

无论何种封装，晶体管的型号一般直接标注在器件体上。

5. 集成电路

集成电路（Integrated Circuit，IC）是将半导体分立器件、电阻器、小电容器及导线集成在一块硅片上，形成一个具有一定功能的电子电路，并封装成一个整体的电子器件。

与分立元器件相比，集成电路具有体积小、质量小、性能好、可靠性高、损耗小、成本低、外接元器件数目少、整体性能好、便于安装调试等优点。

1）集成电路的分类

集成电路种类繁多，品种各异，可按不同方式进行分类。集成电路按其功能大致可分为模拟集成电路、数字集成电路、数模混合集成电路等；按集成度（包含的电子元器件的数量）规模可分为小规模集成电路、中规模集成电路、大规模集成电路、超大规模集成电路和极大规模集成电路等；还可以从其他方面进行分类（如封装形式、制造工艺、应用领域等）。

2）集成电路的型号和标注

集成电路的型号命名方法没有统一的标准，基本上是每家公司按各自的规则进行型号命名。通常，生产厂商会将型号、厂商标志、生产日期等信息打印在集成电路的顶面，如图 1.32 所示。

扫一扫看集成电路微课视频

图 1.32　集成电路的标注

3）集成电路的封装形式

集成电路的封装形式有很多种，随着封装技术的不断发展，有些早期所使用的封装形式已经不再被使用了，而一些新的封装形式却在不断出现。下面列出了一些常用的封装形式。

（1）单列直插式封装（Single Inline Package，SIP）。SIP 的引脚从封装一个侧面引出，排列成一条直线。通常，它们是通孔式的，引脚插入印制板的金属孔内。当装配到印制基板上时，封装呈侧立状。这种形式的一种变化是锯齿形单列式封装（Zig-Zag Inline Package，ZIP），它的引脚仍是从封装体的一边伸出，但排列成锯齿形。这样，在一个给定的长度范围内，提高了引脚密度。引脚中心距通常为 2.54mm，引脚数从 2 至 23，多数为定制产品。封装的形状各异。也有的把形状与 ZIP 相同的封装称为 SIP。SIP 与 ZIP 的外形结构如图 1.33 所示。

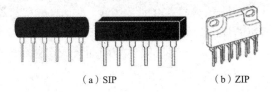

（a）SIP　　　　　（b）ZIP

图 1.33　SIP 与 ZIP 的外形结构

（2）双列直插式封装（Dual Inline Package，DIP）。DIP 的芯片有两排引脚，需要插入具有 DIP 结构的芯片插座上。当然，也可以直接插在有相同焊孔数和几何排列的电路板上进行焊接。DIP 实物如图 1.34 所示。DIP 的结构形式有多层陶瓷 DIP、单层陶瓷 DIP、引脚框架式 DIP（含玻璃陶瓷封装式、塑料包封结构式、陶瓷低熔玻璃封装式）等。采用这种封装形式的芯片，特点是可以很方便地实现印制板的穿孔焊接，和主板有很好的兼容性。但是由于其封装面积和厚度都比较大，而且引脚在插拔过程中很容易被损坏，所以可靠性较差。同时这种封装形式由于受工艺的影响，引脚一般不超过 100 个。随着中央处理器（Central Processing Unit，CPU）内部的高度集成化，DIP 很快退出了历史舞台。只有在老的 VGA/SVGA 显卡或 BIOS 芯片上可以看到它们的"足迹"。

图 1.34　DIP 实物

（3）引脚阵列式封装（Pin Grid Array Package，PGA）。PGA 又被称为插针网格阵列封装，由这种技术封装的芯片，其内外有多个方阵形的插针，每个方阵形插针沿芯片的四周间隔一定距离排列，根据引脚数目的多少，可以围成 2~5 圈。安装时，将芯片插入专用的 PGA 插座。PGA 实物如图 1.35 所示。

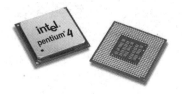

图 1.35　PGA 实物

为了使 CPU 能够更方便地被安装和拆卸，从 486 芯片开始，出现了一种 ZIF CPU 插座，专门用来满足 PGA 的 CPU 在安装和拆卸上的要求。该技术一般用于插拔操作比较频繁的场合中。

（4）双侧引脚小外形封装。小外形集成电路（Small Outline Integrated Circuit，SOIC）或

小引出线封装（Small Outline Package，SOP），如图1.36（a）所示，它由DIP演变而来，是DIP集成电路的缩小形式。1971年，飞利浦公司开发出小外形集成电路，并成功应用于电子手表。目前，小外形集成电路常见于线性电路、逻辑电路、随机存储器等单元电路中。

SOIC封装有两种不同的引脚形式：一种是翼形引脚SOL，其封装形式如图1.36（b）所示；另一种是J形引脚SOJ，其封装形式如图1.36（c）所示。SOJ封装的引脚结构不易损坏，且占用印制板面积较小，能够提高装配密度。SOL封装的特点是引脚容易焊接，在生产工艺过程中检测方便，但占用印制板的面积较SOJ大。因而集成电路表面组装采用SOJ封装的比较多。

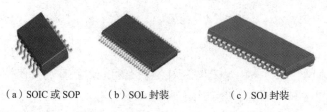

（a）SOIC或SOP　　（b）SOL封装　　（c）SOJ封装

图1.36　双侧引脚小外形封装形式

（5）方形扁平式封装（Quad Flat Package，QFP）。QFP是专为小引脚间距表面组装集成电路而研制的新型封装形式。这种封装形式的引脚从4个侧面引出，通常为翼形引脚，还有少量为J形引脚。使用该技术封装CPU，操作方便，可靠性高，而且其封装外形尺寸较小，寄生参数减小，适合高频应用；该技术主要适合用表面组装技术（Surface Mounting Technology，SMT）在印制板上安装布线。

QFP和带保护垫的QFP如图1.37所示，QFP的引脚中心距有1.0mm、0.8mm、0.65mm、0.5mm、0.4mm、0.3mm等多种规格，引脚数最少为28个，最多可达到576个。

图1.37　QFP和带保护垫的QFP

（6）方形扁平无引脚塑料封装（Plastic Quad Flat No-lead Package，PQFN）。PQFN如图1.38所示。PQFN是一种无引脚封装，呈正方形或矩形，封装底部中央位置有一个大面积裸露焊盘，提高了散热性能。围绕大焊盘的封装外围四周有实现电气连接的导电焊盘。由于PQFN不像SOP、QFP等具有翼形引脚，其内部引脚与焊盘之间的导电路径短，自感系数及封装体内的布线电阻很低，所以它能提供良好的电性能。PQFN具有良好的电性能和热性能、体积小、质量小，因此非常适合应用在手机、数字照相机（俗称数码相机）、智能卡及其他便携式电子设备等高密度产品中。

图1.38　PQFN

项目 1 准备工艺

（7）塑封有引脚芯片载体（Plastic Leaded Chip Carrier，PLCC）。PLCC 的封装体四周具有下弯曲的 J 形短引脚，如图 1.39 所示。引脚数目为 16～84 个，间距为 1.27 mm。由于 PLCC 组装在电路基板表面，不必承受插拔力，所以一般采用铜材料制成，这样可以减小引脚的热阻柔性。当组件受热时，还能有效地吸收由于器件和基板间热膨胀系数不一致而在焊点上造成的应力，防止焊点断裂。PLCC 占用面积小，引脚强度大，不易变形、共面性好，但这种封装的集成电路被焊在印制板上后，检测焊点比较困难。

图 1.39　PLCC 封装形式

（8）无引脚陶瓷芯片载体（Leadless Ceramic Chip Carrier，LCCC）。LCCC 是集成电路中没有引脚的一种封装，芯片被封装在陶瓷载体上，无引脚的电极焊端排列在封装底面上的四边，引脚间距有 1.0mm 和 1.27mm 两种，其实物封装如图 1.40 所示。PLCC 外形有正方形和矩形两种，其中正方形有 16 个、20 个、24 个、28 个、44 个、52 个、68 个、84 个、100 个、124 个和 156 个引脚，矩形有 18 个、22 个、28 个和 32 个引脚。

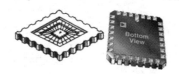

图 1.40　LCCC 封装与实物

LCCC 芯片载体封装的特点是没有引脚，在封装体的四周有若干个城堡状的镀金凹槽，作为与外电路连接的端点，可直接将它焊到印制板的金属电极上。这种封装因为无引脚，故寄生电感和寄生电容都较小。同时，由于 LCCC 采用陶瓷基板作为封装，所以密封性和抗热应力都较好。但 LCCC 成本高、安装精度高，不宜大规模生产，仅在军事及高可靠性领域使用的表面组装集成电路中采用，如微处理单元、门阵列和存储器等。

（9）球阵列封装（Ball Grid Array，BGA）。BGA 与原来的 PLCC/QFP 相比，BGA 的引脚形状由 J 形或翼形电极引脚变为球形引脚，芯片引脚不是芯片四周"单线性"顺序引出引脚，而是在封装的底面，变成了以"全平面"阵列布局的引脚，这样增加了引脚间的间距，也增加了引脚的数目。

BGA 的特点是 I/O 端子间距大（如为 1.0mm、1.27mm、1.5mm），I/O 引脚数目多；封装可靠性高，焊点缺陷率低，焊点牢固；焊接共面性好；有较好的电特性，特别适合在高频电路中使用；由于端子小，所以导体的自感和互感很低，频率特性好；信号传输延迟小，适应频率大大提高；工作时的芯片温度接近环境温度，具有良好的散热性。其缺点是 BGA 在焊后检查和维修比较困难，必须使用 X 射线透视或 X 射线分层检测，才能确保焊接连接的可靠性，而且 BGA 容易吸湿，因此在使用前应先做烘干处理。

（10）芯片级封装（Chip Scale Package，CSP）。CSP 是 BGA 进一步微型化的产物，问世于 20 世纪 90 年代中期，它的封装尺寸与裸芯片相同或封装尺寸比裸芯片稍大，通常封装尺寸与裸芯片之比定义为1.2∶1。CSP 外形如图 1.41 所示。CSP 具有的优点包括：CSP 器件质量可靠；具有高导热性；封装尺寸比 BGA 小，安装高度低；CSP 虽然是更小型化的封装，但比 BGA 更平，更易于贴装；CSP 比 QFP 提供了更短的互连，因此电性能更好，即阻抗低、干扰小、噪声低、屏蔽效果好，更适合在高频领域应用。目前，CSP 已被广泛应用在大型液晶显示屏、液晶电视机、小型摄录一体机和计算机等产品中。

图 1.41　CSP 外形

4）集成电路的引脚识别

集成电路的引脚数目有多有少，每个引脚的功能各异，因此，在安装时必须注意方向。通常，集成电路会以某种方式清楚地标出其 1 号引脚，并以一定的规律和顺序排列其他引脚。常用的引脚标注方法有以下几种。

（1）缺口：在集成电路顶面的一端做一个半圆形或方形的缺口，来表示集成电路的引脚排列方向，如图 1.42 所示。这种方法一般只适用于 DIP 形式。识别时，将缺口朝下，并使顶面朝向观察者，则缺口右侧最下面的是 1 脚，然后按逆时针方向依次为 2 脚、3 脚……

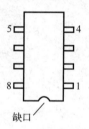

图 1.42　集成电路的方向标志（缺口）

（2）凹坑或色点：在集成电路顶面的一端或一角加一个凹坑或色点，来表示集成电路的引脚排列方向，如图 1.43 所示。这种方法可用于多种封装形式，是目前较普遍采用的方法。识别时，将集成电路的顶面朝上，从凹坑或色点处开始，按逆时针方向依次为 1 脚、2 脚、3 脚……

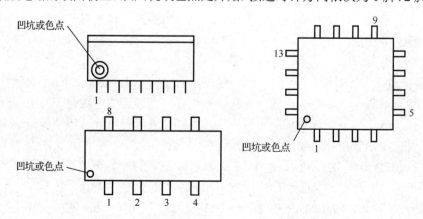

图 1.43　集成电路的方向标志（凹坑或色点）

（3）切角：这种方法一般只适用于 SIP 形式，在 SIP 集成电路的无引脚边切除一个直角，来表示集成电路的引脚排列方向，如图 1.44 所示。识别时，将集成电路的引脚朝下，切角朝左，从左到右按逆时针方向依次为 1 脚、2 脚、3 脚……

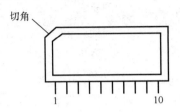

图 1.44　集成电路的方向标志（切角）

（4）斜面：在集成电路顶面无引脚的一边切出一个斜面，如图 1.45 所示。识别时，将集成电路的顶面朝上，从斜面处开始，按逆时针方向依次为 1 脚、2 脚、3 脚……这种方法只适用于双列引脚，目前已较少使用。

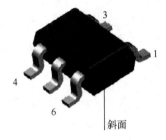

图 1.45　集成电路的方向标志（斜面）

1.1.2　常用元器件的检测

如何准确、有效地检测元器件的相关参数，判断元器件的功能是否正常，不是一件千篇一律的事，必须根据不同的元器件采用不同的方法，从而判断元器件的功能正常与否。特别对于初学者来说，熟练掌握常用元器件的检测方法和经验很有必要。

接插件和开关检测的一般要点是触点可靠、转换准确，一般用目测和万用表测量即可达到要求。

1. 电阻器的检测方法

对电阻器和电位器的检测，主要是检测其阻值大小及其性能好坏，通常使用万用表进行测量。

固定电阻器的检测方法比较简单，可以直接使用万用表的欧姆挡测量电阻器的阻值，测量时要注意选择合适的量程，如果使用的是指针式万用表，那么在测试前或测试过程中切换量程后，必须先调零。另外，测试时应注意手指不要触碰电阻器的引脚和万用表的表笔，以免影响测量精度。将测量值和标称值进行比较，就可以判断电阻器是否出现短路、断路、老化（实际阻值与标称阻值相差较大的情况）等不良现象。

电位器的检测方法类似于固定电阻器，也可以采用万用表的欧姆挡测量它的阻值。另外，在测试过程中需要增加旋转或滑动电位器的调节机构，观察在调节过程中阻值的变化是否正常的测试步骤。

2. 电容器的检测方法

一般情况下，电容器的检测必须采用专门的测试仪器。某些数字万用表会有专门的电容器测量挡，可以用来测量小容量电容器的电容量，而使用指针式万用表，只能对电容器的质量进行粗略的判别，具体步骤如下。

（1）将万用表的表笔接电容器的引脚，发现万用表指针摆动一下后，很快返回∞处，表明电容器的性能正常。对于容量大于 $0.01\mu F$ 的电容器，可用万用表 $R\times 10k\Omega$ 挡测量电容器的两引脚。正常情况下，指针先向 R 为零的方向摆去，然后向 $R\rightarrow\infty$ 的方向退回（充电）。如果退不到∞，而停留在某一数值上，那么指针稳定后的阻值就是电容器的绝缘电阻值。一般电容器的绝缘电阻值在几十兆欧以上，电解电容器的绝缘电阻值在几兆欧以上。若所测电容器的绝缘电阻值小于上述值，则表示电容器漏电。绝缘电阻值越小，漏电越严重；若绝缘电阻值为零，则表明电容器已被击穿短路；若指针不动，则表明电容器内部开路。

（2）对于小于 $0.01\mu F$ 的电容器，由于充电时间很快，充电电流很小，即使使用万用表的高阻值挡也看不出指针摆动，故可借助一个 NPN 型的晶体管（$\beta\geqslant 100$，I_{CEO} 越小越好）的放大作用来测量。测量的方法如图 1.46 所示，将电容器接到 A、B 两端，通过晶体管的放大作用，就可以看到指针摆动，判断好坏，同（1）中所述。

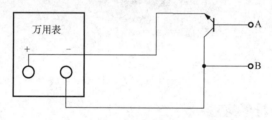

图 1.46　小容量电容器的检测

（3）测量电解电容器时，应注意电容器的极性，一般正极引脚长。测量时，电源的正极（黑表笔）与电容器的正极相接，电源的负极（红表笔）与电容器的负极相接，这被称为电容器的正接。因为电解电容器的反向漏电阻要略小于正向漏电阻，所以当无法判断电解电容器的极性时，可根据漏电阻的大小判别其极性。

3. 电感器与变压器的检测方法

测量电感器的电感量、Q 值等和变压器的一些性能指标，需要使用专门的仪器仪表；如果仅仅使用万用表，那么可以通过测量电感器和变压器的每组线圈的直流电阻值，以及不同绕组线圈之间的绝缘电阻值来简单判断电感器与变压器是否存在线圈匝间短路、开路等故障。

4. 普通二极管的极性判别和性能好坏检测

可以使用指针式万用表的 $R\times 100\Omega$ 或 $R\times 1k\Omega$ 挡来测量二极管的正、反向电阻。若两次阻值相差很大，则说明该二极管性能良好，并根据测量电阻小的那次的表笔接法，判断出与黑表笔连接的是二极管的正极，与红表笔连接的是二极管的负极。如果两次测量的阻值都很小，则说明二极管已被击穿；如果两次测量的阻值都很大，则说明二极管内部已经开路；若两次测量的阻值相差不大，则说明二极管性能欠佳，不能使用了。

5. 晶体管的管型、极性判别和性能好坏检测

使用指针式万用表可以判断一个正常晶体管的管型和极性,具体步骤:①先判断基极 b 和管型。用万用表的 $R\times100\Omega$ 或 $R\times1k\Omega$ 挡测量晶体管 3 个电极中每两个极之间的正、反向电阻值,当用一根表笔接某一电极,而用另一根表笔先后接触另外两个电极均测得低阻值时,则前一根表笔所接的那个电极即为基极 b。这时要注意万用表表笔的极性,如果红表笔接的是基极 b,黑表笔分别接在其他两极时,测得的阻值都较小,则可判定被测晶体管为 PNP 型管;如果黑表笔接的是基极 b,红表笔分别接触其他两极时,测得的阻值较小,则被测晶体管为 NPN 型管。②判定集电极 c 和发射极 e。将万用表置于 $R\times10k\Omega$ 挡,两根表笔分别接触基极 b 以外的另外两个管脚,记录此时测得的电阻值,然后两根表笔互相交换接触管脚,记录测得的电阻值,比较两次测得的电阻值,如果是 PNP 管,则电阻值小的那一次,黑表笔接的是发射极 e,红表笔接的是集电极 c;如果是 NPN 管,则电阻值小的那一次,红表笔接的是发射极 e,黑表笔接的是集电极 c。如果两次测得的电阻值很接近,很难区分大小,则可以借助人体电阻的作用来加大两次测量值之间的差值,如图 1.47 所示,具体方法是,对于 NPN 管,每次测量时,用右手的拇指和食指捏住黑表笔接的电极和基极;对于 PNP 管,每次测量时,用右手的拇指和食指捏住红表笔接的电极和基极,最后比较和判断的方法不变。

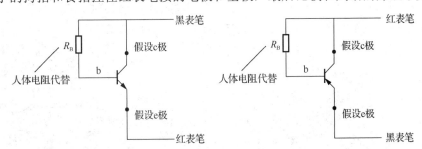

图 1.47 晶体管的发射极和集电极的判断方法

以上的测量方法可以总结为以下三句话:三颠倒,找基极;PN 结,定管型;顺箭头,偏转大。

同样,通过使用万用表的 $R\times100\Omega$ 或 $R\times1k\Omega$ 挡分别测量晶体管的两个 PN 结的正、反向电阻值是否正常,以及用 $R\times10k\Omega$ 挡测量 c 极和 e 极之间的正、反向电阻值是否正常,可以判断晶体管的性能好坏。

由于场效应晶体管的封装形式和型号标注方法类似于晶体管,因此在此就不再多作介绍。

6. 集成电路的检测

对集成电路的检测,是通过对集成电路的输出回应和预期输出进行比较,以确定或评估集成电路元器件功能和性能的过程,是验证设计、监控生产、保证质量、分析失效及指导应用的重要手段。

由于集成电路的复杂性,像万用表、示波器一类手工测试的仪器是不能胜任的,所以目前的测试设备通常是全自动化、多功能组合测量装置,并由程序控制,这些测试设备就是一台测量专用工业机器人。集成电路本身的多样性,导致了集成电路测试仪器的多样性。集成

电路的集成度不同，测试要求不同，从性能及经济考虑，有不同的测试仪器供选用。集成电路常用的检测方法有以下 3 种。

（1）非在线测量法。通过将其各引脚之间的直流电阻值与已知正常同型号集成电路引脚之间的正、反向直流电阻值进行对比来确定其是否正常。

（2）在线测量法。在线测量法是利用电压测量法、电阻测量法及电流测量法等，通过在电路上测量集成电路的各引脚电压值、电阻值和电流值是否正常来判断该集成电路是否损坏。

（3）代换法。代换法是用已知完好的同型号、同规格集成电路来代换被测集成电路，可以判断出该集成电路是否损坏。

根据各种场合下的不同测试需要，从外形上看，有大型、中型落地式的集成电路自动测试系统，有中、小型台式的集成电路测试仪，以及携带式的简易型集成电路测试仪。检测之前要仔细观察集成电路的外观标志，分清引脚顺序，准确插入测试仪或测试装置的插槽内，切不可将集成电路的引脚插反，否则很可能会导致集成电路烧毁。如图 1.48（a）所示的是一款数字集成电路测试仪，通过键盘输入集成电路的型号后，对集成电路的好坏进行判断，并通过显示屏输出结果"Pass"或"Fail"。如图 1.48（b）所示的是一款集成电路测试装置，通过对集成电路功能的分析，有针对性地搭建测试电路，配合计算机软件对集成电路的功能进行测试参数设置，最终将测试结果显示在界面中。

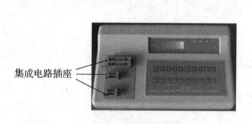
（a）数字集成电路测试仪

（b）集成电路测试装置

图 1.48　数字集成电路测试仪和集成电路测试装置

目前，电子生产企业所采购的元器件的质量完全由供货企业的信誉控制，如果企业对所采购进来的元器件没有质量把控手段，那么往往会造成生产企业批量产品质量不稳定。另外，二手元器件充斥着整个元器件市场，采购和技术人员很难通过常规的技术装备判定元器件的质量，往往给生产研发带来不必要的麻烦和损失。针对这些棘手问题，目前有专业的全品种测试仪，配合计算机使用，全部智能化。这些测试仪利用元器件端口 VI 动态阻抗采用学习对比法，通过变化不同的电压、阻抗、频率、波形，对比标准器件参数标准，快速检测出元器件的故障引脚。这类测试仪适合测试的元器件包括分立元器件、数字集成电路、模拟集成电路、模数混合集成电路、大规模集成电路和专业集成电路等。

如图 1.49（a）所示是英国 ABI 公司生产的 AT 256 测试仪。这类测试仪的优点是不需要电子专业知识，适用于所有集成电路/封装件及各种类型电路板，灵活、易安装、易操作，测试结果直接显示"Pass"或"Fail"，软件可设定各种测试条件，可提供完整的元器件测试分析报告。如图 1.49（b）所示是集成电路引脚匹配程度测试报告。

项目 1　准备工艺

（a）AT 256 测试仪

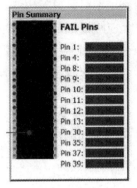
（b）引脚匹配程度测试报告

图 1.49　英国 ABI 公司生产的 AT 256 测试仪及引脚匹配程序测试报告

1.1.3　电子元器件的引脚成形

目前，SMD 已得到了普遍应用，极大地减少了带引脚通孔安装的元器件在电子产品中的使用数量，特别是一些通用的小功率元器件，在一些产品中绝大多数采用贴片安装的元器件。但仍有许多产品免不了会使用通孔安装的元器件，尤其是在一些体积较大、使用单面印制板的产品中。随着电子产品生产技术的不断改进，大部分生产企业已经使用了自动插件机等生产设备，

扫一扫看电子元器件的引线成型 1 微课视频

但仍有部分企业，特别是中小型企业，还会采用手工插件的方式装配印制板。因此，为了便于安装和焊接，提高装配质量和生产效率，加强电子产品的防振性和可靠性，一般在插装之前，需要对一些采用手工插件的通孔安装元器件，根据其在印制板上的安装位置和形式，预先把元器件的引脚弯曲成一定的形状，这就是元器件的引脚成形。通常，元器件的引脚成形有一定的技术要求。

1. 元器件的插装方式

根据元器件引脚的引出方式，可以将常规的元器件大致分为轴向元器件和径向元器件两大类。轴向元器件是指其引脚的引出方向为元器件体的对称轴方向，典型的轴向元器件有电阻器、二极管等；径向元器件是指其引脚的引出方向为元器件体的直径方向，典型的径向元器件是电容器。因此，自动插件机通常也分为轴向插件机和径向插件机两种。

根据插装后元器件在印制板上的排列形状，可以将元器件的插装方式大致分为卧式安装和立式安装两种。卧式安装是指元器件的大尺寸方向与印制板相平行的插装方式，立式安装则是指元器件的大尺寸方向与印制板相垂直的插装方式。

为保证安装后元器件引脚的抗振动、抗跌落和冲击性能，通常，轴向元器件采用卧式安装方式，径向元器件采用立式安装方式，当然，轴向元器件也可采用立式安装方式。同一个元器件在采用不同的安装方式时，其引脚的成形方式和要求也是不同的。

2. 元器件引脚成形的基本要求

（1）对元器件引脚的折弯要求，通常分为变向折弯和不变向折弯两种。变向折弯时，所

有元器件引脚均不得从根部弯曲。这是元器件制造工艺上的原因，引脚根部较容易折断，因而引脚折弯处应距根部 1.5mm 以上。此外，折弯处一般不能直接折成直角，应有圆弧过渡，圆弧半径应大于引脚直径的 1～2 倍，以减少折弯处的机械应力，如图 1.50 所示。此种折弯方式，通常多用于轴向元器件。

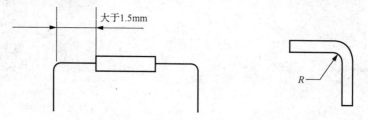

图 1.50　元器件引脚的变向折弯

不变向折弯又分为"打 Z"折弯和"打 K"折弯两种方式。"打 Z"折弯是指引脚折弯后，在折弯处的上、下两部分的中心轴线不重合，存在偏心距，如图 1.51（a）所示，通常多适用于径向元器件，且元器件的引脚间距与印制板上的引脚孔距不相等的场合。"打 K"折弯是指引脚折弯后，在折弯处的上、下两部分的中心轴线仍然重合，不存在偏心距，如图 1.51（b）所示，也被称为"Ω"折弯，通常是为了保障元器件在插装到印制板上后，可以消除引脚所受到的应力，或起抬高和支撑作用，使元器件与印制板之间保持一定的空隙，以满足功率元器件的散热要求。

（a）"打Z"折弯　　　　（b）"打K"折弯

图 1.51　元器件引脚的不变向折弯

（2）如果没有特殊说明，那么引脚成形后，两引脚要平行，其间的距离应与印制板上两引脚孔间的距离相同。对于卧式安装在电路板上的轴向元器件，其元器件体必须大体上处于两个安装孔的中间位置，即两引脚左右折弯要对称，如图 1.52 所示，应满足 $X-Y \leqslant \pm 0.5\text{mm}$。

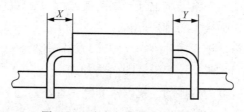

图 1.52　卧式安装成形的对称性

（3）成形时，要尽量将元器件的符号标志置于容易观察的位置，以便于插装后的查看。

（4）引脚成形后，元器件本体不得产生破裂，表面封装不应有损坏，引脚不允许出现模印、压痕和裂纹，其镀层不得有破损。

3. 常见的元器件成形方式

1）轴向元器件的成形

按照在板面的装配方式的不同,轴向元器件的成形可以分为卧装成形和立装成形两种。

扫一扫看电子元器件的引线成型2微课视频

卧装成形通常有卧装贴板和卧装抬高两种形式,如图 1.53 所示。成形的关键点包括:①尺寸为 R、K、d 和 h（抬高距离）;②明确需要抬高成形的,最小抬高距离不小于 1.5mm;③通过控制打 K（或辅助支撑材料）的位置,可以控制元器件本体距离板面的距离 h。

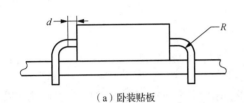 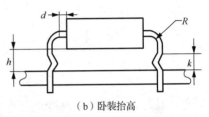

（a）卧装贴板　　　　　　　　　　（b）卧装抬高

图 1.53　轴向元器件的卧装成形

通常,对于非金属外壳封装且无散热要求（功率小于 1W）的二极管、电阻等可以采用卧装贴板方式;对于金属外壳封装或有散热要求（功率大于等于 1W）的二极管、电阻等,必须抬高成形;此外,抬高成形的元器件,如果单个引脚承受质量大于 5.0g,则必须使用其他固定材料固定或支撑元器件,以防止元器件的引脚受到振动、冲击而折断。

立装成形可按照元器件本体下部引脚的成形方式不同而划分为不折弯、"打 K"折弯和"打 Z"折弯 3 种方式,如图 1.54 所示。成形的关键点包括:①尺寸为 R、d、K、Z 和 h。②对于无极性的元器件,要求其标志从上至下被读取;对于有极性的元器件,要求其可见的极性标志在顶部,以便于查检。③通过控制"打 K"或"打 Z"的位置可以控制元器件本体距离板面的距离。

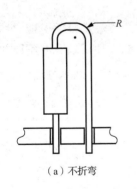 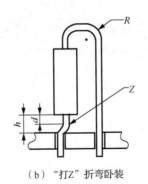 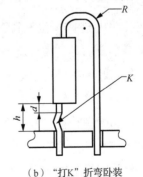

（a）不折弯　　　　　（b）"打Z"折弯卧装　　　　（b）"打K"折弯卧装

图 1.54　轴向元器件的立装成形

2）径向元器件的成形

径向元器件的成形一般也可以分为卧装成形和立装成形两种。

通常，为了防止元器件的封装材料插入焊孔而影响透锡，对诸如压敏电阻器、热敏电阻器和陶瓷电容器等立装元器件的引脚一般采用"打 K"折弯成型，如图 1.55 所示。成形的关键点包括：①尺寸为 R、K、d 和 h；②通过控制打 K 的位置可以控制元器件本体距离板面的距离 h，一般不小于 1.5mm。

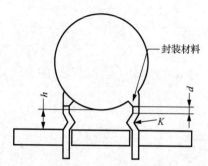

图 1.55　径向元器件的立装"打 K"折弯成形

只有在装配条件复杂、高度空间不足时，径向元器件才会选用卧式安装方式，其引脚通常需要变向成形，如图 1.56 所示。在此种安装方式下，元器件至少有一边或一面与印制板接触，如果元器件的体积较大，那么通常需要采用其他方法来固定元器件。例如，使用胶水或胶带等将元器件粘牢在印制板上，以保障其受到振动或冲击时不会折断引脚。

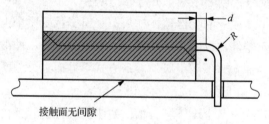

图 1.56　径向元器件的卧装成形

4．成形方法

在工业生产中，元器件的引脚成形多数会使用各种成形机来实现，既有简易的手摇成形机，也有复杂的自动成形机。这些成形机一般可以调整引脚成形的尺寸，以适应不同的成形要求。使用时，首先应根据元器件的种类和封装形式选择合适的成形机，然后按照成形的形状和尺寸初步调节好成形机的参数，并试着成形若干个元器件，看是否符合成形要求，根据结果再适当细调某些参数，直到完全符合要求。

也有些企业会根据引脚成形的尺寸要求，制作一些专用的成形模具或成形夹具，来对相关元器件进行成形操作。

使用以上方法完成的元器件成形，成形质量都比较高，一致性好。只有在非专业制造领域，如业余手工装配制作时，一般才会使用尖嘴钳或镊子等工具进行手工成形操作，此种方法的成形质量显然不高，一致性也较差。

项目1 准 备 工 艺

任务实施

工作任务单

班级：_____ 姓名：_____ 学号：_____ _____年_____月_____日

项目1	准备工艺	任务 1.1	元器件与元器件引脚成形
教学场所	电子工艺实训室	工时/h	2

实施条件	提供以下工具和材料： 1. 指针式万用表一只； 2. 镊子、尖嘴钳、剪刀等常用工具一套； 3. 性能完好的和已经损坏的电阻器、电容器、二极管和晶体管各若干个； 4. 未安装元器件的万能印制板一小块
工作任务	1. 辨别和识读各个元器件，记录识读结果； 2. 用指针式万用表测量各个元器件，记录测试结果； 3. 按照各种元器件最合适的安装方式和印制板上的孔距，对每个元器件进行手工成形
完成工作任务具体操作步骤	

评分	考核内容	评分标准	配分	得分
	元器件辨识和测试	1. 元器件名称、参数识别错误，每处扣5分； 2. 元器件好坏测试错误，每处扣5分； 3. 最多扣40分	40	
	元器件引脚成形	1. 引脚成形形状选择错误，每处扣5分； 2. 引脚成形尺寸偏差过大或不符合成形基本原则，每处扣5分； 3. 最多扣40分	40	
	学习态度、协作精神和职业道德	1. 学习态度是否端正； 2. 是否具有协作精神和职业道德	20	
	总分			

37

电子产品生产工艺与品质管理

任务 1.2 导线与导线预加工

任务提出

虽然目前在一般电子产品中导线的使用量已经很少,但仍然不可避免在某些场合需要使用导线。例如,一个安装在机壳上的扬声器与印制板之间的连接仍需使用导线。因此,在对此类电子产品整机装配前,仍然需要对所使用的线材进行加工,导线加工工艺也是电子工艺技术人员和装配操作工必备的一项技能。

本任务要求学习者完成以下工作:

按照工艺要求所规定的导线长度、剥头长度等,使用剥线钳、剪刀和直尺等常用工具对塑胶绝缘导线和屏蔽线进行手工加工。

学习导航

任务 1.2	导线与导线预加工
知识目标	1. 掌握导线的种类; 2. 掌握导线加工的基本常识
能力目标	能正确选用剥线钳、剪刀和直尺等常用工具,完成导线加工的任务
职业素养	1. 培养认真、细致的工作作风; 2. 培养安全、规范的操作习惯; 3. 保持有序、整洁的工作环境; 4. 培养吃苦耐劳的工作精神

相关知识

1.2.1 电子产品中常用的导线

导线是指能够导电的金属线。导线的种类非常多,使用范围也很广,但在电子产品整机装配中所使用的导线,主要是塑胶绝缘导线和屏蔽线,而其他如电磁线、同轴电缆等,较少用到。

1. 安装导线

安装导线是指用于电子产品装配的导线,通常被简称为安装线。常用的安装线又可分为裸导线和塑胶绝缘导线。

1)裸导线

裸导线是指没有绝缘层的光金属导线,通常采用铜或铁作为芯线,根据其结构的不同又可以分为单股线、多股绞合线、镀锡绞合线、多股编织线等若干种类。由于其表面没有绝缘层,所以除用作元器件的引脚外,在一般的电子产品中很少用到。

项目1 准备工艺

2）塑胶绝缘导线

塑胶绝缘导线是在裸导线的基础上，外加塑胶绝缘材料形成的导线，俗称塑胶线，通常是由导电的芯线、绝缘层和保护层组成的。电子产品中所使用的导线，大多是塑胶绝缘导线。

塑胶绝缘导线是普通电线电缆中的一种，其型号命名方法遵循电线电缆的命名方法，一般由3个部分组成：第1部分为型号代码，用字母依次表示分类或用途、绝缘材料、护套和派生特性等，如表1.23所示。电子产品中常用的塑胶绝缘导线的绝缘层多为聚氯乙烯。第2部分直接用数字表示所包含的芯线数目。第3部分直接用数字表示每根芯线包含的股数/单股线的直径（单位为mm）。例如，15/0.18表示每根芯线是由15根直径为0.18mm的细导线构成的多股线。此外，在电子产品中使用的塑胶绝缘导线，还应标明外层绝缘层的颜色，以便在安装连接多根相同的导线时进行区分。

表1.23 电线电缆的型号命名

分类或用途		绝缘材料		护套		派生特性	
符号	意义	符号	意义	符号	意义	符号	意义
A	安装线缆	V	聚氯乙烯	V	聚氯乙烯	P	屏蔽
B	布电缆	F	氟塑料	H	橡套	R	软
F	飞机用低压线	Y	聚乙烯	B	编织套	S	双绞
R	日用电器用软线	X	橡皮	L	腊克	B	平行
Y	一般工业移动电器用线	ST	天然丝	N	尼龙套	D	带形
T	天线	B	聚丙烯	SK	尼龙丝	T	特种
		SE	双丝包				

2. 屏蔽线

屏蔽线是在塑胶绝缘导线的基础上，外加导电的金属屏蔽层和外护套而制成的信号连接线，具有静电屏蔽、电磁屏蔽和磁屏蔽的作用，它能防止或减少线外信号与线内信号之间的相互干扰。

1.2.2 绝缘导线的加工工艺

导线与元器件、印制板之间的连接方式通常有使用接插件连接和直接焊接两种。如果采用接插件连接方式，那么通常由接插件厂家使用自动化设备，按照要求将导线的插头直接制作成带线插头，安装前不需要再进行加工。只有采用直接焊接方式时，才需要在焊接之前对导线进行加工。

导线加工工艺一般包括绝缘导线加工工艺和屏蔽导线端头加工工艺。在专业化的工业生产中，通常由自动化或半自动化的剪线机、剥头机和捻头机等设备来完成，这些设备可根据加工要求调整剪线长度、剥头长度和捻头的松紧程度等，生产效率和加工质量都较高，适合于大批量生产。而在产品的维修或业余制作过程中，通常用手工方法来加工导线。

1. 绝缘导线加工工艺

绝缘导线的加工工序一般分为剪裁、剥头、清洁、捻头（对多股线）、浸锡等步骤。

1）剪裁

导线应按先长后短的顺序，用斜口钳、自动剪线机或半自动剪线机进行剪切。对于电子产品中最常用的软导线，手工剪裁时也可以使用普通的剪刀来完成。要注意的是，剪裁绝缘导线时要将其拉直再剪；剪线要按工艺文件中导线加工表的规定进行，长度应符合公差要求（如无特殊公差要求，则可按表1.24选择公差）；导线的绝缘层不允许有损伤，否则会降低其绝缘性能；导线的芯线应无锈蚀，否则会影响其导电性能。

表1.24 导线长度与公差要求 （单位：mm）

导线长度	50	50～100	100～200	200～500	500～1000	1000以上
公差	+3	+5	+5～+10	+10～+15	+15～+20	+30

2）剥头

将绝缘导线的两端去掉一段绝缘层而露出芯线的过程称为剥头。在生产中，剥头长度应符合工艺文件（导线加工表）的要求。剥头长度应根据芯线截面积和接线端子的形状来确定。表1.25是根据一般电子产品所用的接线端子，按连接方式列出的剥头长度及调整范围。

表1.25 剥头长度及调整范围 （单位：mm）

连接方式	剥头长度	
	基本尺寸	调整范围
搭焊	3	+2.0
勾焊	6	+4.0
绕焊	15	±5.0
插焊在印制板上	印制板厚度+2	+1.0

剥头时不应损伤芯线，多股芯线应尽量避免断股，一般可按表1.26进行检查。

表1.26 芯线股数与允许损伤芯线的股数关系

芯线股数	允许损伤芯线的股数
<7	0
7～15	1
16～18	2
19～25	3
26～36	4
37～40	5
>40	6

导线的剥头加工，在大批量生产中多使用自动剥线机。手工操作时通常使用如图1.57所示的剥线钳，其优点是操作简单易行，只要把导线端头放进钳口并对准剥头距离，握紧钳柄进行剥头，然后松开，取出导线即可。为了防止出现损伤芯线或拉不断绝缘层的现象，应选择与芯线粗细相配的钳口。

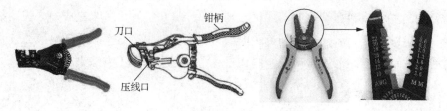

图1.57 剥线钳

3)清洁

一般情况下不需要进行导线的清洁,只有在对导线剥头后存放的时间较长时,才需要对端头芯线进行清洁处理,除去表面的氧化层。最简单的手工方法是用小刀刮去端头芯线表面的氧化层。

4)捻头

多股芯线经过剥头后,芯线易松散开,因此必须进行捻头处理,以防止浸锡后线端直径太粗。捻头时应按原来合股的方向扭紧。捻线角一般为30°~45°。捻头时用力不宜过猛,以防捻断芯线。大批量生产时通常使用捻头机进行捻头,手工操作时可使用镊子。

5)浸锡

经过剥头和捻头的导线应及时浸锡,以防止氧化。通常使用锡锅浸锡。锡锅通电加热后,锅中的钎料熔化。将导线端头蘸上助焊剂,然后将导线垂直插入锅中,并且使浸锡层与绝缘层之间有1~2mm的间隙,待浸润后取出即可,浸锡时间为1~3s。应随时清除残渣,以确保浸锡层均匀、光亮。也可以使用电烙铁对导线端头上锡。

2. 屏蔽导线加工工艺

和绝缘导线相比,屏蔽导线的加工工艺只是多出了对屏蔽层的处理步骤,其芯线的加工处理步骤基本与绝缘导线相同。而对屏蔽层的处理又分为屏蔽层需要接地和不需要接地两种情况。

1)屏蔽层不需要接地时的加工步骤

如图1.58所示,首先剥去一段屏蔽导线的外绝缘层;接着左手拿住外绝缘层,右手推屏蔽层铜编织线,松散屏蔽层的铜编织线;然后用剪刀剪断屏蔽层铜编织线,并把剩下的屏蔽层铜编织线翻过来,套上热缩套管并加热,使套管套牢;最后对芯线进行加工。

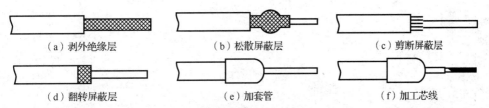

图1.58 屏蔽层不需要接地时的加工步骤

2)屏蔽层需要接地时的加工步骤

如图1.59所示,首先剥去一段屏蔽导线的外绝缘层;接着用镊子在屏蔽层铜编织线上拨开一个小孔,弯曲屏蔽层,从小孔中取出芯线,将屏蔽层铜编织线拧紧(如果拧紧后铜编织线太长,则可剪去一部分);最后对芯线进行加工,并对拧紧后的铜编织线端头浸锡。

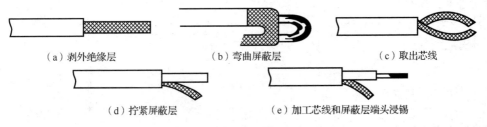

图1.59 屏蔽层需要接地时的加工步骤

任务实施

工作任务单

班级：_____ 姓名：_____ 学号：_____ ____年____月____日

项目1	准备工艺	任务1.2	导线与导线预加工
教学场所	电子工艺实训室	工时/h	2
实施条件	提供以下工具和材料： 1. 剥线钳、直尺、镊子、剪刀、电烙铁等常用工具一套； 2. 多种颜色的普通塑胶绝缘导线和屏蔽导线若干； 3. 焊锡丝若干； 4. 导线加工表一份		
工作任务	按照导线加工表的要求，使用合适的工具，对塑胶绝缘导线和屏蔽导线进行加工		
完成工作任务具体操作步骤			
评分	考核内容	评分标准	配分	得分
	塑胶绝缘导线的加工	1. 不符合导线加工表的要求，每处扣5分； 2. 导线绝缘层有损伤，每处扣10分； 3. 最多扣40分	40	
	屏蔽导线的加工	1. 不符合导线加工表的要求，每处扣5分； 2. 导线绝缘层有损伤，每处扣10分； 3. 最多扣40分	40	
	学习态度、协作精神和职业道德	1. 学习态度是否端正； 2. 是否具有协作精神和职业道德	20	
	总分			

项目1 准备工艺

任务 1.3 印制板与印制板加工工艺

任务提出

在绝缘基材上，按照预定的设计，制成元器件之间有电气连接的导电图形，就构成了印制板，它在整个电子产品中扮演了将许多独立的元器件连接成具有特定功能电路的角色，是电子产品中不可或缺的关键器件。印制板的制作质量对电路板的装配质量、装配效率乃至电子产品整机的性能，都起着至关重要的作用。作为电子产品的工艺技术人员，有必要了解印制板的制作工艺过程。

本任务要求学习者完成以下工作：

使用计算机辅助设计（Computer Aided Design，CAD）课程所完成的一块简易单面印制板的设计文件，采用热转印法手工制作出相应的印制板。

学习导航

任务 1.3	印制板与印制板加工工艺
知识目标	掌握制作印制板的方法及相关工艺
能力目标	能够完成简易印制板的制作
职业素养	1. 培养严谨、细致的工作作风； 2. 培养安全、规范的操作习惯； 3. 保持有序、整洁的工作环境； 4. 培养吃苦耐劳的工作精神； 5. 培养对新知识和新技能的学习能力； 6. 培养查找资料、文献等获取信息的能力； 7. 培养解决问题、制订工作计划的能力

相关知识

1.3.1 印制板及基材的种类

1. 印制板用基材的种类

用于制作印制板的基板材料通常由绝缘基材和高纯度的铜箔构成，其中绝缘基材有很多种类，目前较常用的几种基材及其特点如下。

扫一扫看印制电路板的种类和手工制作微课视频

1）纸基板

纸基板的价格低，强度、耐高温和潮湿性一般，主要用于制作单面覆铜板。

2）环氧玻纤布基板

环氧玻纤布基板的强度高，耐热性好，介电性好，基板通孔可金属化，实现双面和多层印制层之间的电路导通。环氧玻纤布覆铜板是覆铜板所有品种中用途最广、用量最大的一类。

43

3）聚四氟乙烯基板

聚四氟乙烯基板的价格高，介电常数低，介质损耗低，耐高温，耐腐蚀，主要应用于高频、超高频、微波电路中。

此外，还有复合基板、高密度集成板材及陶瓷类基材等类型。

2．印制板的种类

材料、层次和制作方法上的多样化，使得印制板的种类很多，以便适应不同电子产品的要求。印制板可以根据基板的材质划分为纸基板、环氧玻纤布基板等；还可以根据成品的软硬程度划分为硬板、软板和软硬板；在实际应用中，最常用的分类方法是按照印制导线的层数分为单面板、双面板和多层板。

1）单面板

只在绝缘基板的一面有印制线路的印制板被称为单面板，一般使用单面覆铜箔板制作而成，如图1.60所示。单面板的制作工艺简单，成本低，但因为只有一面可以布线，所以设计时的布线难度相对较大，适用于印制板面积较大、元器件安装密度不大的电子产品。

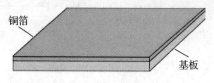

图1.60　单面覆铜箔板

2）双面板

在绝缘基板的两个表面都有印制线路的印制板被称为双面板，一般使用双面覆铜箔板制作而成，如图1.61所示。双面板的制作工艺较复杂，成本高于单面板，但因为有两面可以布线，所以设计时的布线难度相对小一些，适用于印制板面积不大、元器件安装密度较高的电子产品。

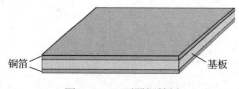

图1.61　双面覆铜箔板

3）多层板

除在绝缘基板的两个表面都有印制线路外，在绝缘基板的内部还有若干层印制线路，这样的印制板被称为多层板，一般由内层的双面覆铜箔板、半固化片和外层的铜箔压制而成，如图1.62所示为四层板的制作示意图。多层板的制作工艺十分复杂，成本高，但因为有多个层面可以布线，设计时的布线难度相对较小，相同的面积和相同的电气原理图，层数越多，印制板的设计难度越小，适用于印制板面积较小、元器件安装密度较高、对电磁兼容性能要求较高的电子产品。

项目1 准备工艺

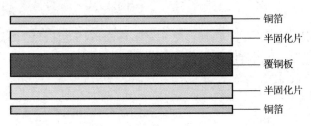

图 1.62 四层板的制作示意图

1.3.2 印制板的制作过程和测试

通常，印制板的制作可根据所使用的设备、工具和方法分为业余手工制作和专业批量制作。

1. 业余手工制作印制板

电子爱好者进行业余电子制作时，经常只需要制作几块印制板，这时，常采用手工方法自制印制板。这种方法制作的印制板质量较差，精度较低，一般不会在印制板上印制阻焊层和字符图形，给元器件的装配和焊接带来一定的困难，通常只用来制作单面板，也有人用来制作元器件密度不高的双面板，但无法制作过孔。很显然，手工方法是不能制作多层板的。

目前，手工自制印制板常用的方法有热转印法和雕刻法等。其中，雕刻法要用到专用的雕刻机，对于个人而言，最常用的方法就是热转印法。下面以热转印法制作单面板为例说明制作过程。

热转印法手工制作印制板的步骤主要包括准备、裁板、热转印图形、腐蚀、钻孔、去除保护层和涂助焊剂等，其工艺流程如图1.63所示。需要用到的设备和工具主要有计算机和印制板设计软件、打印机、热转印式制版机或电熨斗或电磁炉等加热设备、快速腐蚀机或普通玻璃容器或塑料容器、小型手工钻床或手枪钻、记号笔、直尺和锯条等，需要用到的材料有热转印纸、细砂纸、三氯化铁和盐酸溶液或双氧水和盐酸溶液、去污粉或丙酮溶液等。

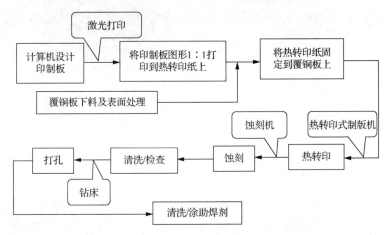

图 1.63 热转印法手工制作印制板的工艺流程

1）准备

将设计好的印制板图形打印到热转印纸上，要注意的问题主要有两点：一是打印图形时是否需要先做镜像，二是只需打印出走线层和焊盘层的图形。

2）裁板

选取合适的覆铜板材，用记号笔和直尺在表面量画出相应的尺寸和形状，然后使用木工用钢锯条沿着画好的线条将所需要使用的部分锯下来，并用细砂纸对其表面和边角进行抛光打磨，以去除铜箔表面的氧化层和边沿的毛刺，使四周光滑，最后洗净晾干待用，如图1.64所示。

3）热转印图形

热转印是制作过程中的关键步骤，直接影响印制板的质量，因此在操作过程中一定要仔细。首先开启热转印式制版机预热，同时将打印好的热转印纸正面粘贴于以上洗净晾干待用的覆铜板的铜箔面上，如图1.65所示。等制版机温度达到150℃时，小心地将覆铜板推入制版机，如图1.66所示。如果没有热转印式制版机，那么也可以使用电熨斗、电磁炉等设备对贴好热转印纸的覆铜板进行加热，使得打印在热转印纸上的油墨转移到铜箔表面。

图1.64 覆铜板准备

图1.65 粘贴热转印纸

图1.66 加热覆铜板

转印完成后，取出覆铜板，待冷却后慢慢揭去热转印纸，如图1.67所示。然后检查转印在铜箔上的图形，如果存在局部断线、漏线等现象，则用记号笔进行修补，如图1.68所示。

图1.67 揭去热转印纸

图1.68 图形修补

4）腐蚀覆铜板

首先配制好腐蚀溶液，可以采用双氧水、盐酸和水以一定的比例配制，也可以使用三氯化铁、盐酸和水以一定的比例配制。将上述转印好图形的覆铜板放入腐蚀溶液中，若采用的是三氯化铁溶液，那么为了加快速度，可以使用70℃的热水，或者在腐蚀过程中对溶液进行加热。等到未被油墨覆盖的铜箔都被腐蚀后,取出覆铜板,用清水洗净。

5)钻孔

用小型钻床或手枪钻在相应的位置打孔,注意选择合适的钻头,使孔的直径略大于元器件引脚的直径,如图1.69所示。

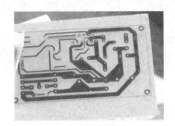

图1.69 钻孔

6)去除保护层和涂助焊剂

用去污粉或丙酮溶液去除板上的油墨,再用细砂纸打磨孔的边缘,洗净、晾干,最后在铜箔表面涂上一层助焊剂溶液,这样就制作完成了一块印制板,如图1.70所示。

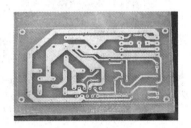

图1.70 手工制作完成的印制板

2. 专业批量制作印制板

专业批量制作印制板的方法主要有减除法和加成法。

在覆盖满铜箔的基板上,采用机械雕刻或化学腐蚀的方法除去不需要的铜箔,使留下的铜箔构成符合设计要求的导电图形,这种制作印制板的方法被称为减除法,一般适用于单面板的制作,上面介绍的手工制作方法就属于减除法。

扫一扫看专业批量制作印制电路板微课视频

加成法又分为全加成法和半加成法。全加成法是指采用化学电镀的方法,在不含铜箔的绝缘基板上适当的位置覆盖上铜箔,构成符合设计要求的导电图形,从而制作出印制板。半加成法实际上是减除法和加成法的混合方法,它首先使用铜箔厚度较薄的覆铜板作为原料,采用减除法除去不需要的铜箔,再采用电镀的方法将表面的铜箔加厚至指定的厚度。

目前,在印制板专业化制造领域,单面板的制作基本上都使用减除法,其原理与手工制作方法相同,只不过由于采用了专业自动化生产线,所以其制造质量是手工制作方法所不可比拟的,而且在焊接面(铜箔面)印刷了阻焊漆,在元器件面和焊接面都印上了字符图形,适应了印制板上元器件的流水线装配和自动化焊接的要求;双面板和多层板的制作则普遍采用半加成法。

在早期的印制板制作工艺中,通常采用传统的丝网漏印法将导电图形印制在铜箔上,实现图形的转移,这也是印制板这一名称的来源。随着多层印制板的出现,元器件装配密度加大,印制线条的宽度越来越细,线条之间的间距也越来越小,传统的丝印方法已无法满足制作精度的要求,逐渐被目前普遍采用的干膜成像法所替代。

典型的多层板制作工艺流程主要包括内层线路制作、层压钻孔、孔金属化、外层线路制作、阻焊漆和字符印刷、表面处理、外形成形和检验等工序,如图 1.71 所示。

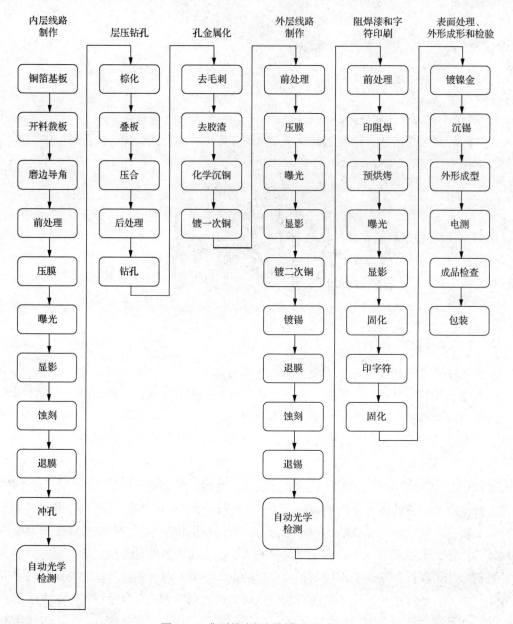

图 1.71　典型的多层板制作工艺流程

在开始制作印制板之前,首先要制作图形胶片,包括每一层的导电图形、外表面两层的焊盘图形(用于印刷阻焊漆)和字符图形。印制板的设计工作都已经采用 CAD 软件在计算机上完成,因此,不再需要使用照相的方法来制作胶片,取而代之的是采用光绘机来制作完成,提高了胶片的制作精度,也提高了印制板的制作精度。

1)内层线路制作

首先利用图形转移原理制作内层线路,包括开料裁板、磨边导角、前处理、压膜、曝光、显影、蚀刻、退膜、冲孔和自动光学检测等步骤。

2)层压钻孔

层压钻孔工序的目的是将铜箔、半固化片与制作好的内层线路板压合成多层板,并在板面上钻出层与层之间线路连接的导通孔,包括棕化、叠板、压合、后处理和钻孔等步骤。

3)孔金属化

孔金属化的目的是对孔壁上的非导体部分(树脂及玻璃纤维)表面进行金属化,以方便后面的电镀工序,主要包括去毛刺、去胶渣、化学沉铜和镀一次铜等步骤。

4)外层线路制作

利用图形转移原理制作外层线路,并将铜层增厚至要求的厚度,包括前处理、压膜、曝光、显影、镀二次铜、镀锡、退膜、蚀刻、退锡和自动光学检测等步骤,其中的前处理、压膜、曝光、显影步骤与制作内层线路时的方法相同,所不同的是曝光时所使用的原始底片与内层线路曝光所用的底片的表达方式相反,内层线路曝光所用底片为负片,即胶片上的黑色图形是要被腐蚀去除的铜箔的图形,而外层线路曝光所用底片上的黑色图形就是要留下的导电铜箔的图形。

5)阻焊漆和字符的印刷

阻焊漆大多为绿色,俗称"绿油",这是为了便于肉眼检查,在主漆中加入了对眼睛有帮助的绿色颜料,其实阻焊漆除绿色外,还有黄色、白色、黑色等颜色。阻焊漆有很多种类,最常用的是液态感光型油墨。

印刷阻焊漆之前,首先要对印制板面做前处理,目的是去除表面的氧化物,增加板面的表面粗糙度,增大板面的油墨附着力,方法和压膜工序前的处理类似。紧接着先在一面印刷油墨,并加热烘烤,赶走油墨内的溶剂,使油墨硬化,保证在曝光时油墨不会粘底片,然后对另一面进行印刷和烘烤。印刷时所用的网板一般仅做孔和孔环的挡墨点,以防止油墨流入孔内,或者不做挡墨点,直接空网印,但此时板子或印刷机台面要小幅移动,以防止积墨流入孔内。

印刷过感光型阻焊油墨的板面再经过曝光、显影步骤,用质量分数为 1%的碳酸钾溶液将未产生聚合反应的感光油墨去除,使焊盘等需要焊接的铜箔裸露出来。

最后,在两个表面都印上字符图形。这时,只需使用一般的文字油墨,所有的文字图形

也是直接做在网板上的。印刷后也需要烘烤，使油墨中的环氧树脂彻底硬化，从而固化在印制板的表面。

6）表面处理、外形成形和检验

后工序包括表面处理、外形成形和检验等。为了保证印制板的焊接性，一般还要对表面的铜层增加保护层，使其不被氧化和损坏。有多种不同的保护层可以使用，较普遍的有：喷锡和热风整平、电镀镍金或化学沉镍金、金手指、沉银和沉锡等。其中最常用的是喷锡和热风整平，即首先对板子表面喷锡，完全覆盖钎料，接着经过高压热风将表面和孔内多余的钎料吹掉，并且整平附着于焊盘和孔壁的钎料。

为了使板子的外形尺寸符合设计要求，还必须将外围没有用的边框去除，通常采用数控铣床进行加工，或者采用压力机和专用模具进行加工。此外，如果采用拼板方式制作，那么还要在各单元之间切割 V 形槽，并且上、下两面都要切割，以便使用时可用手掰开。

3．印制板的测试

印制板在生产过程中，难免因外在因素而造成短路、断路及漏电等电性能上的瑕疵，再加上印制板不断朝高密度、细间距及多层次方向演进，若未能及时将不良板筛检出来，而任其流入制程中，势必会造成更多的成本浪费，因此除制程控制的改善外，厂家在生产过程中会针对不同印制板的瑕疵运用多种检测方法来降低报废率及提升良品率。加工完成的印制板经过清洗后，就可以进行电性能测试了，即对裸板做开、短路测试。测试的方法主要有专用夹具法、通用夹具法和飞针法，一般根据批量的大小来选择不同的方法。

印制板的常用检测方法如下：

（1）人工目测。使用放大镜或校准的显微镜，利用操作人员的视觉检查来判断印制板是否合格，并确定什么时候需进行校正操作，它是最传统的检测方法。

（2）在线测试。通过对电性能的检测找出印制板的制造缺陷及测试模拟、数字和混合信号的元器件，以保证它们符合规格，有针床式测试仪和飞针测试仪等几种测试方法。

（3）功能测试。功能测试是在生产线的中间阶段和末端利用专门的测试设备，对印制板的功能模块进行全面的测试，用以判断印制板的好坏。

（4）自动光学检测。自动光学检测也被称为自动视觉检测，是基于光学原理，综合采用图像分析、计算机和自动控制等多种技术，对生产中遇到的缺陷进行检测和处理，是较新的确认制造缺陷的方法。

（5）自动 X 光检查。自动 X 光检查利用不同物质对 X 光的吸收率的不同，透视需要检测的部位，发现缺陷。

（6）激光检测。激光检测是印制板测试技术的最新发展。它利用激光束扫描印制板，收集所有的测量数据，并将实际测量值与预置的合格极限值进行比较。

（7）尺寸检测。尺寸检测利用二次元影像测量仪，测量孔位、长宽、位置度等尺寸。

项目1 准 备 工 艺

任务实施

工作任务单

班级：_____ 姓名：_____ 学号：_____ _____年_____月_____日

项目1	准备工艺	任务1.3	印制板与印制板加工工艺
教学场所	电子工艺实训室	工时/h	2
实施条件	提供以下工具和材料： 1. 热转印式制版机或电熨斗等加热设备； 2. 小型手工钻床或手枪钻等钻孔设备及配套钻头； 3. 玻璃容器或塑料容器； 4. 记号笔、直尺、木工用钢锯条、细砂纸和毛笔等； 5. 打印在热转印纸上的印制板图一份； 6. 单面覆铜板若干； 7. 盐酸和三氯化铁或双氧水溶液若干； 8. 去污粉或丙酮溶液若干		
工作任务	利用上面的工具和材料，制作一块单面印制板		
完成工作任务具体操作步骤			

评分	考核内容	评分标准	配分	得分
	印制板的制作	1. 印制板铜箔图形与图纸不符，每处扣5分； 2. 印制板表面处理不符合要求，每处扣5分； 3. 印制板钻孔不合理，每处扣5分； 4. 最多扣80分	80	
	学习态度、协作精神和职业道德	1. 学习态度是否端正； 2. 是否具有协作精神和职业道德	20	
	总分			

51

项目小结

1. 电子元器件是组成电子产品的基本元素，电子从业人员能够熟练地识读和检验元器件是一项基本的技能。

2. 部分直插式电子元器件在安装到印制板之前，需要对其引脚进行预成形操作和剪脚操作，以适合印制板上元器件的封装。

3. 印制板的制作质量对电路板的装配质量、装配效率乃至电子产品整机的性能，都起着至关重要的作用。作为电子产品的工艺技术人员，有必要了解印制板的制作工艺过程。

习题 1

扫一扫看习题1答案

1. 电阻器的主要参数有哪些？一般情况下如何判别电阻器的好坏？
2. 用四色环为下列电阻器做标注：6.8kΩ，允许偏差为±5%；47Ω，允许偏差为±5%。用五色环为下列电阻器做标注：2.00kΩ，允许偏差为±1%；39.0Ω，允许偏差为±2%。
3. 常用的电容器有哪几种？各有何特点？
4. 电容器的容量常用数字表示，试说明 103、333、229、682 各表示的电容量。
5. 贴片元器件的尺寸代码的含义是什么？
6. 如何判断较大容量的电容器是否出现断路、击穿及漏电故障？
7. 如何用万用表判别电感器的好坏？
8. 如何用万用表检测二极管的好坏与极性？
9. 有一只 PNP 晶体管，从外观上分不清它的 3 个电极，那么应该怎么把这 3 个电极判别出来？如果是 NPN 型，那么又应该怎么判别出它的 3 个电极？
10. 集成电路的封装外形主要有哪几种？如何正确识别它们的引脚？
11. 哪些通孔安装元器件要抬高成形，哪些不要抬高成形？为什么？
12. 常规的元器件引脚成形折弯方式有哪些？
13. 导线加工的常规步骤有哪些？
14. 在印制板制作过程中所采用的图形转移方法有哪些？
15. 简述使用热转印法手工制作印制板的流程。
16. 简述制作多层板的工艺流程。

项目 2

装接工艺

学习导入

科学的灵感,决不是坐等可以等来的。如果说,科学上的发现有什么偶然的机遇的话,那么这种"偶然的机遇"只能给那些学有素养的人,给那些善于独立思考的人,给那些具有锲而不舍的精神的人,而不会给懒汉。

——华罗庚

项目分析

本项目以小型电子产品(如收音机)的装配为载体,通过焊接、产品总装等工作任务,介绍电子产品的手工焊接技术、自动焊接技术中的波峰焊与回流焊、无铅焊接技术、电子产品总装等知识,学习者应掌握常见焊接工具的选用及使用方法,熟悉焊点的质量检测标准,掌握电子产品的整机装配工艺流程,完成整机装配任务。

任务 2.1 焊接工艺

任务提出

焊接技术对电子产品的生产装配具有重要的作用。焊接技术已经从传统的手工焊接技术，发展到现在的自动焊接技术，以及目前广泛使用的无铅焊接技术。这些焊接技术是从事电子行业的电子工程技术人员必须掌握的，焊接技术的掌握程度也是衡量其工作经验和动手能力的重要依据。

本任务要求学习者完成以下工作：

（1）能根据不同的焊接对象，选择合适的烙铁和焊锡丝，通过手工焊接方式完成小型电子产品套件的焊接任务；

（2）能通过目测法检查出不合格焊点，完成不合格焊点的修复工作。

学习导航

任务 2.1 焊接工艺	
知识目标	1. 掌握各种工具的正确使用方法； 2. 掌握焊接的原理； 3. 掌握保证焊接良好的基本条件； 4. 掌握焊点的常见缺陷及缺陷原因分析； 5. 掌握自动焊接技术的工艺流程； 6. 掌握无铅焊接工艺要求
能力目标	1. 能正确选择和使用焊接工具，完成焊接任务； 2. 能正确选择和使用焊接工具，完成拆焊任务； 3. 能正确选用工具，根据产品的相关要求完成整机装配的任务
职业素养	1. 培养严谨、细致的工作作风； 2. 培养安全、规范的操作习惯； 3. 保持有序、整洁的工作环境； 4. 培养吃苦耐劳的工作精神； 5. 培养对新知识和新技能的学习能力； 6. 培养良好的职业道德和敬业精神； 7. 培养解决问题、制订工作计划的能力

相关知识

2.1.1 焊接的基础知识

1. 锡焊

锡焊是焊接的一种，它是将焊件和熔点比焊件低的钎料共同加热到锡焊温度，在焊件不熔化的情况下，钎料熔化并浸润焊接面，依靠二者原子的扩散形成焊件的连接。其主要特征

项目 2　装 接 工 艺

有以下 3 点：第一，钎料熔点低于焊件；第二，焊接时，将钎料与焊件共同加热到锡焊温度，钎料熔化而焊件不熔化；第三，依靠熔化状态的钎料浸润焊接面，使钎料进入焊件的间隙，形成合金层，实现与焊件的结合。

2．锡焊必须具备的条件

第一，焊件必须具有良好的焊接性；第二，焊件表面必须保持清洁；第三，要使用合适的助焊剂；第四，焊件要加热到适当的温度；第五，焊接时间要合适。

3．焊点合格的标准

（1）焊点有足够的机械强度：一般可采用把被焊元器件的引脚端子打弯后再焊接的方法。
（2）焊接可靠，保证导电性能。
（3）焊点表面整齐、美观。焊点的外观应光滑、清洁、均匀、对称、整齐、美观、充满整个焊盘并与焊盘大小比例合适。

满足上述 3 个条件的焊点，才算是合格的焊点。合格焊点的形状如图 2.1 所示。

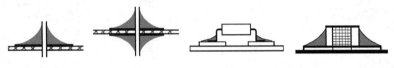

图 2.1　合格焊点的形状

2.1.2　手工焊接技术

电子电路的焊接与组装在电子工程技术中占有重要位置。任何一个电子产品都是由设计→焊接→组装→调试形成的，其中焊接和组装是保证电子产品质量和可靠性的最基本的环节。

扫一扫看手工焊接概念及焊接工具微课视频

1．焊锡丝

手工电子元器件焊接使用的焊锡丝又被称为焊锡线、锡线、锡丝，焊锡丝的特质是具有一定长度与直径的锡合金丝。在电子元器件的焊接中，可通过加热熔化焊锡丝与焊件表面形成合金层，从而达到连接焊件的作用。如图 2.2 所示是焊锡丝的常见包装形式，在外包装标签上会标明焊锡丝的主要参数，如直径和质量等。

图 2.2　焊锡丝实物

1）焊锡丝的成分

焊锡丝是由锡合金和助焊剂两部分组成的。锡合金做成管状，助焊剂被均匀地灌注到锡合金中间部位，如图 2.3 所示。通常说的焊锡是指锡铅或锡银铜等的焊锡合金，正常情况下，

锡的熔点是231.9℃。一般来说,锡条合金的熔点低于其中任何一个组成金属的熔点。以有铅焊锡(锡含量63%,铅含量37%)为例,其熔点是183℃左右,而无铅焊锡(锡99.3%,铜0.7%)的熔点是220℃左右。如表2.1所示为不同合金成分焊锡丝的技术说明。

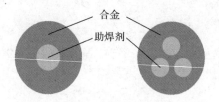

图2.3 焊锡丝剖面

表2.1 不同合金成分焊锡丝的技术说明

分类	合金成分	熔点/℃	特征	用途	包装
有铅焊锡丝合金	Sn63/Pb37	183	抗拉强度高	用于计算机、精密仪器、仪表等有较高要求的焊接	1kg、900g、850g、800g、700g、750g、500g、定制
	Sn60/Pb40	183~190			
	Sn55/Pb45	183~203	品质稳定	用于家用电器、电子屏、电器设备等的焊接	
	Sn50/Pb50	183~216			
	Sn45/Pb55	183~227	成本较低	用于玩具、灯泡、工艺器等一般焊接	
	Sn40/Pb60	183~238			
	Sn35/Pb65	183~247			
无铅焊锡丝合金	Sn99.3Cu0.7	227	焊接性好	用于电气工业、电子产品电路板等的焊接	
	Sn96.5Ag3.5	222	电导率、热导率良好	用于军工工业、精密电子仪器、医疗器械等的焊接	
	Sn96.5Ag3.0Cu0.5	217	各项性能优良	用于航空类产品的焊接	
	Sn99.0Ag0.5Cu0.5				
	Sn99.0Ag0.3Cu0.7				

焊锡丝种类不同,助焊剂也就不同。助焊剂部分用于提高焊锡丝在焊接过程中的辅热传导,去除氧化,降低被焊接材质的表面张力,去除被焊接材质的表面油污,增大焊接面积。没有助焊剂的焊锡丝是不能够进行电子元器件的焊接的,这是因为它不具备润湿性和扩展性,这样进行的焊接会产生飞溅,焊点形成不好。

有的厂家会标注更详细的参数信息,如合金成分比例、熔点和助焊剂比例等。如图2.4所示,此无铅焊锡丝的合金成分为锡99.3%、铜0.7%,阻焊剂的成分为2%,直径为1.0mm。

图2.4 焊锡丝包装上的标识

2)焊锡丝的规格及分类

(1)规格。常见的焊锡丝的规格体现直径差异,主要规格为 0.5mm、0.6mm、0.8mm、1.0mm、1.2mm、1.4mm、1.6mm、1.8mm、2.0mm。焊接工艺可能需要更精确的尺寸,因此焊锡丝也可以定制。焊锡丝还分实芯和药芯焊锡丝。药芯焊锡丝中间是空的,填充了松香以助焊接。标准型的松香含量是 2.2%,可以根据需要增减含量。

(2)分类。根据不同的情况,焊锡丝有以下分类方法:

① 按金属合金材料分类:焊锡丝可分为锡铅合金焊锡丝、纯锡焊锡丝、锡铜合金焊锡丝、锡银铜合金焊锡丝、锡铋合金焊锡丝、锡镍合金焊锡丝及特殊含锡合金材质的焊锡丝。

② 按焊锡丝的助焊剂的化学成分分类:焊锡丝可分为松香芯焊锡丝、免清洗焊锡丝、实芯焊锡丝、树脂型焊锡丝、单芯焊锡丝、三芯焊锡丝、水溶性焊锡丝、铝焊锡丝、不锈钢焊锡丝。

3)不同类型焊锡丝的用途

不同类型的焊锡丝有不同的用途,如表 2.2 所示。

表 2.2 不同类型焊锡丝的用途

类型	用途
松香焊锡丝	适用于电子元器件及相关元器件的电子修复焊接。焊后具有高阻抗,不漏电。它可以通过高压测试,是电子行业中最常用的焊锡丝
免清洗焊锡丝	适用于需要较少残留物、高绝缘电阻和清洁板面的印制板的修复焊接
镀镍焊锡丝	适用于焊接硬质材料,如镍、表面镀镍元器件、电线、端子、插座和灯头
特殊焊锡丝	适用于不锈钢、锌合金、铝灯头等的焊接。这种助焊剂为非松香型,焊后的残留物可用水清洗
实芯焊锡丝	实芯焊锡丝不含助焊剂,适用于特殊应用,如熔丝和金属配件的焊接

4)焊锡丝的拿法

焊锡丝有两种拿法,如图 2.5 所示。连续焊接时,一般用拇指和食指握住焊锡丝,焊锡丝从掌中穿过,其余 3 个手指配合拇指和食指把焊锡丝连续向前送进,如图 2.5(a)所示,这种焊锡丝的拿法适用于成卷焊锡丝的手工焊接。进行小段焊锡丝的焊接时,可采用如图 2.5(b)所示的焊锡丝的拿法,此时焊锡丝不能连续向前送进。

(a)连续锡焊时焊锡丝的拿法　　　　　　(b)断续锡焊时焊锡丝的拿法

图 2.5 焊锡丝的拿法

焊锡丝的成分中含有一定比例的铅,众所周知,铅是对人体有害的重金属,因此操作时应戴上手套或操作后洗手,以免食入。

2. 手工焊接工具

1）装接工具

（1）尖嘴钳（见图2.6）。尖嘴钳是一种常用的钳形工具，头部较细，钳柄上套有额定电压500V的绝缘套管，主要用来剪切线径较细的单股与多股线，以及给单股导线接头弯圈、剥塑料绝缘层等，能在较狭小的工作空间操作。不带刃口者只能夹捏工作，带刃口者能剪切元器件的引脚或导线。它是电工（尤其是内线器材等装配及修理工作）常用的工具之一。在焊接准备过程中，尖嘴钳主要用于夹小型金属零件或弯曲元器件的引脚。

图2.6 尖嘴钳

（2）偏口钳（见图2.7）。偏口钳又被称为斜口钳，主要用于剪切导线及元器件多余的引脚，还常被用来代替一般剪刀剪切绝缘套管、尼龙扎线卡、扎带等。

图2.7 偏口钳

（3）克丝钳。克丝钳又被称为钢丝钳，是电工常用的一种手工工具，钳柄上套有标明额定电压的绝缘套管。如图2.8所示，其头部较平宽，适用于重型作业，如螺母、紧固件的装配操作，切断金属丝或将金属丝弯曲成所需形状。

图2.8 克丝钳

（4）镊子。镊子可分为尖嘴镊子和圆嘴镊子两种。尖嘴镊子用于夹持较细的导线，以便装配焊接。圆嘴镊子用于弯曲元器件引脚和夹持元器件进行焊接等。用镊子夹持元器件进行焊接还可起到散热作用。

（5）螺钉旋具。螺钉旋具俗称起子、改锥，有一字式和十字式两种，专用于拧螺钉。根据螺钉大小可选用不同规格的螺钉旋具。拧紧时，不要用力太猛，以免螺钉滑口。

2）焊接工具

常用的手工焊接工具是电烙铁，其作用是加热钎料和被焊金属，使熔融的钎料润湿被焊金属表面并生成合金。

（1）电烙铁的结构。电烙铁主要由以下部分组成：

① 发热元件：俗称烙铁心。它是将镍铬发热电阻丝缠在云母、陶瓷等耐热、绝缘材料

上构成的。

② 烙铁头：作为热量存储和传递的烙铁头，一般用纯铜制成。

③ 手柄：一般用实木或胶木制成，手柄设计要合理，否则会因温升过高而影响操作。

④ 接线柱：发热元与电源线的连接处。必须注意：一般烙铁有 3 个接线柱，其中一个是接金属外壳的，接线时应用三芯线将外壳接保护中性线。

（2）电烙铁的分类。根据传热方式，电烙铁可分为内热式电烙铁和外热式电烙铁。根据用途，电烙铁可分为恒温电烙铁、吸锡电烙铁和自动送锡电烙铁。

① 内热式电烙铁。内热式电烙铁由烙铁心、烙铁头、弹簧夹、连接杆、手柄、接线柱、电源线及紧固螺钉等部分组成。其热效率高（高达 90%），烙铁头升温快、体积小、质量小，但使用寿命较短。内热式电烙铁多为小功率的，常用的有 20W、25W、35W、50W 等，其结构如图 2.9 所示。

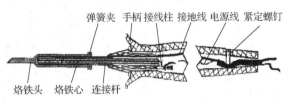

图 2.9 内热式电烙铁的结构

② 外热式电烙铁。外热式电烙铁的组成部分与内热式电烙铁相同，但外热式电烙铁的烙铁头安装在烙铁心里面，即产生热能的烙铁心在烙铁头的外面。外热式电烙铁的优点是经久耐用、使用寿命长，长时间工作时温度平稳，焊接时不易烫坏元器件，但其体积较大、升温慢。外热式电烙铁常用的规格有 25W、45W、75W、100W、200W 等，其结构如图 2.10 所示。

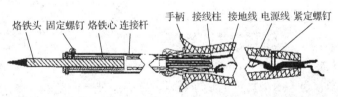

图 2.10 外热式电烙铁的结构

③ 恒温电烙铁。恒温电烙铁的温度能自动调节，保持恒定。常用的恒温电烙铁有磁控恒温电烙铁和热电偶检测控温式自动调温恒温电烙铁（又被称为自控焊台）两种。磁控恒温电烙铁借助于电烙铁内部的磁性开关达到恒温的目的。而自控焊台依靠温度传感元件（热电偶）监测烙铁头的温度，并去控制电烙铁的供电电路输出电压的高低，从而达到自动调节电烙铁温度，使电烙铁的温度恒定的目的。如图 2.11 所示是磁控恒温电烙铁的结构。

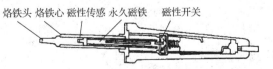

图 2.11 磁控恒温电烙铁的结构

④ 吸锡电烙铁。吸锡电烙铁是在普通电烙铁的基础上增加了吸锡机构,使其具有加热、吸锡两种功能。吸锡电烙铁用于拆焊(解焊)时除去焊接点上的焊锡。操作时,先用吸锡电烙铁加温焊点,等焊锡熔化后采用吸锡装置,即可将锡吸走。吸锡电烙铁如图2.12所示。

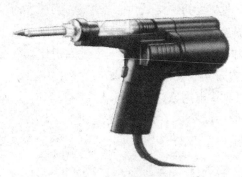

图2.12 吸锡电烙铁

⑤ 自动送锡电烙铁。自动送锡电烙铁是在普通电烙铁的基础上增加了焊锡丝输送机构,能在焊接时由电烙铁自动将焊锡丝送到焊接点。使用这种电烙铁,可使操作者腾出一只手来固定工件。其结构如图2.13所示。

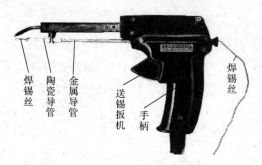

图2.13 自动送锡电烙铁的结构

(3) 电烙铁的选用。选用电烙铁一般遵循以下原则:

① 烙铁头的形状要适应被焊件的物面要求和产品的装配密度。

② 烙铁头的顶端温度要与钎料的熔点相适应,一般要比钎料熔点高30~80℃(不包括在烙铁头接触焊接点时下降的温度)。

③ 电烙铁的热容量要恰当。烙铁头的温度恢复时间要与被焊件的物面要求相适应。温度恢复时间是指在焊接周期内,烙铁头的顶端温度因热量散失而降低后,再恢复到最高温度所需的时间。它与电烙铁的功率、热容量,以及烙铁头的形状、长短有关。

选择电烙铁的功率原则如下:

① 焊接集成电路、晶体管及其他受热易损元器件时,考虑选用20W内热式或25W外热式电烙铁。

② 焊接较粗导线及同轴电缆时,考虑选用50W内热式或45~75W外热式电烙铁。

③ 焊接较大元器件(如金属底盘接地焊片)时,应选100W以上的电烙铁。

电烙铁的功率和类型的选择,一般是根据焊件的大小与性质而定的,如表2.3所示。

表 2.3 电烙铁的选择参考

焊件及工作性质	选用电烙铁	烙铁头温度/℃
一般印制板	20W 内热式、30W 外热式、恒温式	300～400
集成电路	20W 内热式、恒温式、储能式	
焊片、电位器、2～8W 电阻器、大电解电容器	35～50W 内热式、恒温式、50～75W 外热式	350～450
8W 以上大电阻器、2A 以上导线等较大元器件	100W 内热式、150～200W 外热式	400～550
汇流排、金属板等	300W 外热式	500～630
维修、调试一般电子产品	20W 内热式、恒温式、感应式、储能式、两用式	

3．手工焊接方法

1）电烙铁的握法

电烙铁的握法分为 3 种，如图 2.14 所示。

扫一扫看手工焊接方法和焊点的检查微课视频

（a）反握法　　　　　　　　（b）正握法　　　　　　　　（c）握笔法

图 2.14 电烙铁的握法

（1）反握法。用五指把电烙铁的柄握在掌内。此法适用于大功率电烙铁，焊接散热量大的被焊件。

（2）正握法。此法适用于较大的电烙铁，弯形烙铁头一般也用此法。

（3）握笔法。用握笔的方法握电烙铁，此法适用于小功率电烙铁，焊接散热量小的被焊件，如焊接收音机、电视机的印制板及其维修等。

2）手工焊接的基本操作步骤

手工焊接的基本操作步骤如图 2.15 所示。

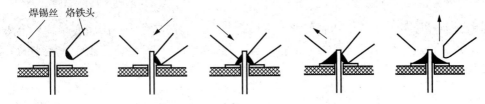

图 2.15 手工焊接的基本操作步骤

步骤一：准备施焊。左手拿焊锡丝，右手握电烙铁，进入备焊状态。要求烙铁头保持干净，无焊渣等氧化物，并在表面镀有一层焊锡。元器件成形，引脚处于笔直状态，印制板要处于水平状态。

步骤二：加热焊件。烙铁头靠在两焊件的连接处，加热焊件，时间为 1～2s。在印制板上焊接元器件时，要注意使烙铁头同时接触两个被焊接物。

步骤三：送入焊锡丝。焊件的焊接面被加热到一定温度时，焊锡丝从电烙铁对面接触焊件。注意：不要把焊锡丝直接送到烙铁头上。

步骤四：移开焊锡丝。当焊锡丝熔化一定量后，立即向左上或45°方向移开焊锡丝。

步骤五：移开电烙铁。移开焊锡丝后再加热1s，等焊锡浸润焊盘和焊件的施焊部位以后，沿着元器件引脚迅速向上移开电烙铁，结束焊接（移开电烙铁后不能移动元器件，防止虚焊情况发生）。从步骤三开始到步骤五结束，时间也是1～2s。

掌握好焊接的温度和时间。在焊接时，要有足够的热量和温度。如果温度过低，则焊锡流动性差，很容易凝固，形成虚焊；如果温度过高，则将使焊锡流淌，焊点不易存锡，焊剂分解速度加快，使金属表面加速氧化，并导致印制板上的焊盘脱落。尤其在使用天然松香作助焊剂时，焊锡温度过高，很容易氧化脱皮而产生炭化，造成虚焊。

3）焊接的基本要点

（1）焊件表面要处理好。焊接时焊件金属的表面应保持清洁，因此在焊接前要对焊件进行清理工作，去除焊件表面的氧化层、油污、锈迹、杂质等。

（2）保持烙铁头的清洁。焊接时，烙铁头的温度很高，并且经常接触助焊剂，在其表面容易形成黑色的杂质，影响焊接质量及美观，应及时用湿海绵擦拭。

（3）加热焊件的位置要合理。焊接时，烙铁头应同时给两个焊件加热，使得两个焊件受热均匀，防止出现虚焊的现象。对于圆斜面形的烙铁头，在焊接时应将其斜面向上，以利于观察焊锡的量。

（4）焊接时间要适当。从加热焊件到撤离电烙铁一般应在5s内完成，可根据焊盘大小调整。

（5）钎料供给要恰当。钎料的供给量要根据焊件的大小来定，过多会造成浪费且使得焊点过于饱满，过少则不能使焊件牢固结合，降低了焊接强度。

（6）电烙铁的撤离方向要正确。撤离电烙铁是整个焊接过程中相当关键的一步，当焊点接近饱满，助焊剂尚未完全挥发、焊点最光亮、流动性最强的时候，应沿着元器件引脚迅速移开电烙铁（向右上45°方向迅速移开电烙铁）。

（7）焊锡凝固要注意。在焊点上的焊锡没有凝固之前，切勿使焊件移动或受到振动，特别是用镊子夹住焊件时，一定要等焊锡凝固后再移走镊子，否则极易造成焊点结构疏松或虚焊。

4．浸焊

浸焊是将插装好元器件的印制板浸入有熔融状钎料的锡锅内，一次完成印制板上所有焊点的自动焊接过程。手工浸焊是由人手持夹具夹住插装好的印制板，人工完成浸锡的方法，如图2.16所示。

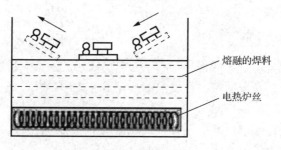

图2.16　浸焊示意图

1）手工浸焊操作过程

（1）加热使锡炉中的锡温控制在 250～280℃。

（2）在印制板上喷涂一层（或浸一层）助焊剂。

（3）用夹具夹住印制板浸入锡炉中，以印制板与锡面成 5°～10°的角度进入锡面，使焊盘表面与印制板接触，浸锡厚度以印制板厚度的 1/2～2/3 为宜，浸锡的时间为 3～5s。

（4）以印制板与锡面成 5°～10°的角度使印制板离开锡面，略微冷却后检查焊接质量。若有较多的焊点未焊好，则要重复浸锡一次；对只有个别不良焊点的印制板，可进行手工补焊。注意经常刮去锡炉表面的锡渣，保持良好的焊接状态，以免因锡渣的产生而影响印制板的焊接质量。

手工浸焊的特点为设备简单、投入少，效率低，焊接质量与操作人员的熟练程度有关，易出现漏焊，焊接有贴片的印制板较难取得良好的效果。

2）常见的问题及对策

（1）消除焊点的拉尖连焊：

① 控制锡锅温度在 250～280℃，焊接时要注意周围环境的影响，季节变化。冬天锡温要高一些，夏天锡温要低一些，控制恒温精度，不要让锡温波动太大。

② 焊接速度的影响。被焊接的印制板进入锡槽时，速度可略快；离开锡槽时要慢慢升起，避免搭锡、漏焊等现象。

③ 印制板的预热不够。预热的作用是减小印制板及元器件与熔锡的温差。另外，也使涂覆在印制板上的助焊剂受热减少水汽，这样可以提高焊接质量。

④ 消除焊点拉尖最主要的是采取各种措施，保证印制板焊盘及元器件引脚不氧化。

（2）减少虚焊、假焊、针孔。虚焊是由焊点上的污物、氧化物及漆膜等所引起的。

① 印制板制造应符合工艺要求，印制板保存要防潮，且印制板存放周期不得超过 3 个月；元器件引脚焊接性好，生产日期不得超过 3 个月。如超过上述日期，则应进行焊接性试验。若在 3s 内可全部润湿，则可以使用，否则就不能使用。

② 助焊剂的浓度会影响焊接质量，应按工艺规定，定期进行更换，每 6 个月进行 1 次更换。

③ 印制板预热不够，浸焊槽热容量太小。

④ 钎料杂质多，钎料中铜离子过多会抑制界面合金的构成，使黏附力变差。需定期进行更换，每 1 年进行 1 次更换。

⑤ 钎料温度低，焊接时间太短。

⑥ 及时消除锡面的氧化物。

（3）形成饱满的焊点，减少偏焊、不饱满等现象。

① 控制印制板的预热温度，且注意温度变化不能太大；

② 助焊剂的浓度需严格控制；

③ 需定期对钎料含量进行分析；

④ 避免出现焊盘孔大而元器件引脚细的情况；

⑤ 浸焊时，印制板与锅面的相对速度不能太快。

3）浸焊注意事项

（1）主机温度高，请谨慎操作，防止烫伤；

(2) 不要让水或油溅入锡锅内，防止沸溅烫伤；

(3) 调整印制板夹具时，能夹住就好，不要夹得太紧，避免印制板在焊接时受热变形，影响焊接效果；

(4) 应在焊接机上方安装吸风装置；

(5) 操作结束，应切断电源，同时，将助焊剂装入容器内，并用瓶塞封好，以防挥发；

(6) 断电后，焊锡凝固需 2~3h，锡槽内还有一定热量，请注意安全；

(7) 浸焊机要单独接地，其接地要求应符合电子产品装配工艺的接地要求。

5. 剪脚

剪脚的目的是确保电子元器件的出脚长度符合所生产产品的要求，保证工序能得到有效地连续监视和控制。

1）准备工作

(1) 工作台面周围的环境卫生；

(2) 准备好剪钳（气动剪钳或斜口钳）；

(3) 防护工具准备。

2）作业顺序

(1) 用左手拿起印制板，焊接面朝上将基板呈 30°斜角，斜口钳与印制板之间的夹角为 45°，即保证剪脚的切口与板面平行；

(2) 将需剪取的元器件脚剪除，并且元器件的出脚高度控制在 1~1.5mm，特殊机种、特殊要求除外；

(3) 避免剪脚时将其周围 SMD 料剪破损，需转动印制板剪脚方向，避免碰触周围元器件；

(4) 剪弯脚时，必须顺着弯脚方向剪取；

(5) 当零件密集时，剪脚速度放慢，小脚与细脚适当用斜口钳作业；

(6) 剪脚顺序：从右至左，从下至上；

(7) 在剪脚过程中，剪除的方向应对向防护工具，以防止剪断的引脚飞溅到眼睛、面部。

6. 焊接质量检查

1）对焊点的要求

(1) 焊点要有足够的机械强度，保证被焊件在受振动或冲击时不致脱落、松动。不能用过多钎料堆积，这样容易造成虚焊、焊点与焊点的短路。

(2) 焊接可靠，具有良好的导电性，必须防止虚焊。虚焊是指钎料与被焊件表面没有形成合金结构，只是简单地依附在被焊金属表面。

(3) 焊点表面要光滑、清洁，焊点表面应有良好的光泽，不应有毛刺、空隙、污垢，尤其不能有助焊剂的有害残留物质，要选择合适的钎料与助焊剂。

(4) 焊点形状为近似圆锥而表面稍微凹陷，呈漫坡状，以元器件引脚为中心，对称成裙形展开。虚焊点的表面往往向外凸出，可以鉴别出来。

(5) 焊点上钎料的连接面呈凹形自然过渡，焊锡和焊件的交界处应平滑，接触角尽可能小。

项目 2 装 接 工 艺

2）焊点的检查方法

（1）目视检查：从外观上检查焊接质量是否合格。在有条件的情况下，建议用 3~10 倍放大镜进行目视检查。目视检查的主要内容有：

① 是否有错焊、漏焊、虚焊；
② 有没有连焊，焊点是否有拉尖现象；
③ 焊盘有没有脱落，焊点有没有裂纹；
④ 焊点外形润湿应良好，焊点表面是不是光亮、圆润；
⑤ 焊点周围是否有残留的助焊剂；
⑥ 焊接部位有无热损伤和机械损伤现象。

（2）手触检查：在外观检查中发现有可疑现象时，采用手触检查。手触检查主要是用手指触摸元器件，检查元器件有无松动、焊接不牢的现象，用镊子轻轻拨动焊接部位或夹住元器件引脚轻轻拉动，观察有无松动现象。

3）常见的焊点缺陷及分析

（1）桥接：指焊锡将相邻的印制导线连接起来。主要是时间过长、焊锡温度过高、电烙铁撤离角度不当造成的。

（2）拉尖：焊点出现尖端或毛刺。主要是钎料过多、助焊剂少、加热时间过长、焊接时间过长、电烙铁撤离角度不当造成的。

（3）虚焊：焊锡与元器件引脚或与铜箔之间有明显黑色界线，焊锡向界线凹陷。主要是印制板和元器件引脚未清洁好、助焊剂质量差、加热不够充分、钎料中杂质过多造成的。

（4）松香焊：焊缝中有松香渣。主要是焊剂过多或已失效、焊剂未充分发挥作用、焊接时间不够、加热不足、表面氧化膜未去除造成的。

（5）铜箔翘起或剥离：铜箔从印制板上翘起，甚至脱落。主要是焊接温度过高、焊接时间过长、焊盘上金属镀层不良造成的。

（6）不对称：焊锡未流满焊盘。主要是钎料流动性差、助焊剂不足或质量差、加热不足造成的。

（7）气泡和针孔：引脚根部有喷火式钎料隆起，内部藏有空洞，目测或低倍放大镜可见有孔。主要是引脚与焊盘孔间隙大、引脚浸润性不良、焊接时间长、孔内空气膨胀造成的。

（8）钎料过多：钎料面呈凸形。主要是钎料撤离过迟造成的。

（9）钎料过少：焊接面积小于焊盘的 80%，钎料未形成平滑的过渡面。主要是焊锡流动性差或焊锡丝撤离过早、助焊剂不足、焊接时间太短造成的。

（10）过热：焊点发白，无金属光泽，表面较粗糙，呈霜斑或颗粒状。主要是电烙铁功率过大、加热时间过长、焊接温度过高过热造成的。

（11）松动：外观粗糙，似豆腐渣一般，且焊角不匀称，导线或元器件引脚可移动。主要是焊锡未凝固前引脚移动造成空隙、引脚未处理好（浸润差或不浸润）造成的。

（12）焊锡从过孔流出。主要原因是过孔太大、引脚过细、钎料过多、加热时间过长、焊接温度过高过热造成的。

7. 焊接规范

一般焊接的顺序是：先小后大、先轻后重、先里后外、先低后高、先普通后特殊，即先

65

焊分立元器件,后焊集成电路,对外连线要最后焊接。

(1)电烙铁一般应选内热式20~35W或恒温230℃电烙铁,但温度以不超过300℃为宜。接地线应保证接触良好。

(2)在保证润湿的前提下,焊接时间应尽可能短,一般不超过3s。

(3)耐热性差的元器件应使用工具辅助散热。例如,微型开关、CMOS集成电路、瓷片电容器、发光二极管、中周等元器件,焊接前一定要处理好焊点,施焊时注意控制加热时间,焊接一定要快。还要适当采用辅助散热措施,以避免过热失效。

(4)如果元器件的引脚是镀金处理的,其引脚没有被氧化,则可以直接焊接,不需要对元器件的引脚做处理。

(5)焊接时不要用烙铁头摩擦焊盘。

(6)集成电路若不使用插座,直接焊到印制板上,则安全的焊接顺序为:地端→输出端→电源端→输入端。

(7)焊接时应防止邻近元器件、印制板等受到过热影响,对热敏元器件要采取必要的散热措施。

(8)焊接时,绝缘材料不允许出现烫伤、烧焦、变形、裂痕等现象。

(9)在钎料冷却和凝固前,被焊部位必须可靠固定,可采用散热措施以加快冷却。

(10)焊接完毕,必须及时对板面进行彻底清洗,以便去除残留的助焊剂、油污和灰尘等脏物。

2.1.3 波峰焊设备与工艺

随着机器自动化的发展,自动化生产技术得到很大的提高,手工焊接逐渐被自动焊接代替。波峰焊是在浸焊的基础上发展起来的自动焊接技术,它是利用焊锡槽内的机械式或电磁式离心泵,将熔融钎料压向喷嘴,形成一股向上平稳喷涌的钎料波峰,并源源不断地从喷嘴中溢出。装有元器件的印制板以直线平面运动方式通过钎料波峰,在焊接面上形成浸润焊点而完成焊接。图2.17是波峰焊机的焊锡槽示意图。

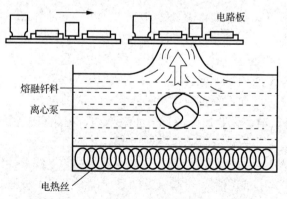

图2.17 波峰焊机的焊锡槽示意图

1.波峰焊的优点

与浸焊机相比,波峰焊设备具有如下优点:

(1)熔融钎料的表面漂浮着一层抗氧化剂隔离空气,只有钎料波峰暴露在空气中,减少

了氧化的机会，从而可以减少氧化渣带来的钎料浪费。

（2）电路板接触高温钎料时间短，可以减轻电路板的翘曲变形。

（3）浸焊机内的钎料相对静止，钎料中不同密度的金属会产生分层现象（下层富铅而上层富锡）。波峰焊机在钎料泵的作用下，整槽熔融钎料循环流动，使钎料成分均匀一致。

（4）波峰焊机的钎料充分流动，有利于提高焊点质量。

2．波峰焊的典型工艺流程

仅焊接通孔元器件时，波峰焊的工艺流程如下：元器件引脚成形（通孔件）→印制板贴阻焊胶带（视需要）→插装预成形的通孔元器件→印制板装入焊机夹具→涂覆助焊剂→预热→波峰焊接→冷却→剪脚（通孔件）→取下印制板→撕掉阻焊胶带→检验→补焊→清洗→检验→放入专用运输箱。

波峰焊的主要设备是波峰焊机，常见的波峰焊机由如下的工位组成：装板→涂覆助焊剂→预热→焊接→热风刀→冷却→卸板。其中，热风刀工序的目的是去除桥连并减小组件的热应力，强制冷却的作用是减轻热滞留带来的不利影响。波峰焊机操作的主要工位是钎料波峰与印制板接触工位，其余都是辅助工位，但波峰焊机是一个整体，辅助工位不可缺少。

1）插件

插件的过程是通过插件机把编带电子元器件按照程序自动安装在印制板上。插件机的操作基本上包括跳线和电容器、电感器、连接器等这一类元器件的安装。设计工序的工程人员会根据工作量和合理性对每个工位的插件部位做分工，每个机械只负责安装几个元器件，而且重复同样的操作，尽可能地减少出错机会。

2）涂覆助焊剂

印制板通过传送带进入波峰焊机以后，会经过某个形式的助焊剂涂覆装置，在这里助焊剂利用波峰、发泡或喷射的方法涂覆到印制板上。

3）预热

助焊剂涂覆后的预热可以逐渐提升印制板的温度并使助焊剂活化，这个过程还能减小组装件进入波峰时产生的热冲击。它还可以用来蒸发掉所有可能吸收的潮气或稀释助焊剂的载体溶剂，而这些物质会在过波峰时沸腾并造成焊锡溅射，或者产生蒸汽留在焊锡里面形成中空的焊点或砂眼。

4）波峰焊接

在预热之后，印制板用单波或双波方式进行焊接。印制板进入波峰时，焊锡流动的方向和板子的行进方向相反，可在元器件引脚周围产生涡流，将上面所有助焊剂和氧化膜的残余物去除，在焊点到达润湿温度时形成润湿。

5）剪脚

剪脚是通过剪脚机切除元器件焊片焊接后的多余插件脚，剪脚机多是飞速旋转的刀片。

由于 SMT 的发展，现在的电子产品以贴片元器件为主，所以回流焊工艺使用较多；部分元器件不适合做成贴片式，波峰焊成为应用最普遍的一种焊接通孔安装的印制板的工艺方法，这种方法适宜成批、大量的焊接一面安装有分立元器件和集成电路的印制板。

3. 波峰焊工艺物料

在波峰焊机的工作过程中，钎料和助焊剂被不断消耗，需要经常对这些焊接材料进行监测，并根据监测结果进行必要的调整。

1）钎料

波峰焊一般采用 Sn63-Pb37 的共晶钎料，熔点为 183℃，Sn 的含量应该保持在 61.5%以上，并且 Sn-Pb 两者的含量比例误差不得超过 ±1%。

在实际工作中，应该根据设备的使用频率，一周到一个月定期检测钎料的 Sn-Pb 比例和主要金属杂质含量，如果不符合要求，则应该更换钎料或采取其他措施。钎料的温度与焊接时间、波峰的形状与强度决定焊接质量。焊接时，Sn-Pb 钎料的温度一般设定为 245℃左右，焊接时间为 3s 左右。

2）助焊剂

波峰焊使用的助焊剂，要求表面张力小，扩展率大于 85%；黏度小于熔融钎料，容易被置换；焊接后容易清洗。一般助焊剂的密度为 0.82～0.84g/ml，可以用相应的溶剂来稀释调整。假如采用免清洗助焊剂，要求其密度小于 0.8g/ml，固体的质量分数小于 2.0%，不含卤化物，焊接后残留物少，不产生腐蚀作用，绝缘性好，绝缘电阻大于 $1\times10^{11}\Omega$。

应该根据设备的使用频率，每天或每周定期检测助焊剂的密度，如果不符合要求，则应更换助焊剂或添加新助焊剂，以保证助焊剂的密度符合要求。

3）钎料添加剂

在波峰焊的钎料中，还要根据需要添加或补充一些辅料。防氧化剂可以减少高温焊接时钎料的氧化，不仅可以节约钎料，还能提高焊接质量。防氧化剂由油类与还原剂组成，要求还原能力强，在焊接温度下不会炭化。锡渣减除剂能让熔融的铅锡钎料与锡渣分离，起到防止锡渣混入焊点、节省钎料的作用。

4. 波峰焊机的组成

波峰焊机一般由钎料波峰发生器、助焊剂涂覆系统、预热系统、焊接系统、传送系统、冷却系统、控制系统等部分组成。其结构示意图如图 2.18 所示。

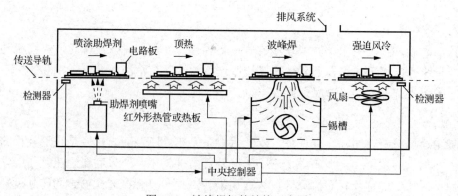

图 2.18 波峰焊机的结构示意图

项目2 装接工艺

1）钎料波峰发生器

钎料波峰发生器是产生波峰焊工艺所要求的钎料波峰，是决定波峰焊质量的核心，也是整个系统最具特征的核心部件。焊接波峰发生器分为机器泵式和液态金属电磁泵式两类。机械泵式目前应用较广的有离心泵式和轴流泵式。液态金属电磁泵式是根据电磁流体力学理论而设计的泵，分为感应式和传导式两类。

2）助焊剂涂覆系统

助焊剂涂覆系统的作用：除去被焊基体金属表面的锈膜；防止加热过程中被焊金属的二次氧化；降低液态钎料的表面张力；促进液态钎料的漫流及传热。

3）预热系统

预热系统的作用：助焊剂中的溶剂成分在通过预热器时会受热挥发，从而避免溶剂成分在经过液面时高温汽化造成炸裂的现象发生；待浸锡产品搭载的部品在通过预热器时缓慢升温，可避免过波峰时因骤热产生的物理作用造成部件损伤的情况发生；预热后的部品或端子在经过波峰时不会因自身温度较低而大幅度降低焊点的焊接温度，从而确保焊接在规定的时间内达到温度要求。

其技术要求：温度调节范围宽，室温至 250℃；一定的预热长度，足够的时间；不应有明火；对助焊剂的热影响小；耐冲击，耐振动，可靠性高，维修简单。

4）传送系统

传送系统是一条安放在滚轴上的金属传送带，它支撑着印制板，使其移动通过波峰焊区域。其作用是完成产品的传输动作，实现导轨跨距的改变，改变产品浸锡时与波峰面的角度。其技术要求：传动平稳，无振动、抖动，噪声小，速度可调，夹送角度为 4°～8°，夹送爪化学性能稳定。

另外，波峰焊设备传送系统的速度也要依据助焊剂、钎料等因素与生产规模综合选定与调整。传送链、传送带的倾斜角度在设备制造时是根据钎料波形设计的，但有时也要随产品的改变而进行微量调整。

5）冷却系统

冷却系统用于迅速驱散经过钎料波峰区后积累在印制板上的余热，常见的结构型式有风机式、风幕式和压缩空气式。其技术要求：风压适当，过猛易扰动焊点；气流定向，应不至于在钎料槽表面剧烈散热，最好能提供先温风后冷风的逐渐冷却模式。

6）控制系统

控制系统利用计算机对全机各工位、各组件之间的信息进行综合处理，对系统的工艺进行协调和控制。

其基本要求：第一，控制动作准确可靠，能充分体现波峰焊工艺的规范要求，人机界面友好，便于操作；第二，安全措施完善，容错功能强；第三，电路简单，可靠性和可维修性好；第四，成本低，维修配件货源广；第五，能充分体现现代控制技术的进步和发展。

5. 波峰焊的温度设定

波峰焊的整个焊接过程被分为 3 个温度区域：预热、焊接、冷却。

（1）在预热区内，印制板上喷涂的助焊剂中的水分和溶剂被挥发，同时，松香和活化剂开始分解活化，去除焊接面上的氧化层和其他污染物，并且防止金属表面在高温下被再次氧化。印制板和元器件被充分预热，可以有效地避免焊接时急剧升温产生的热应力损坏。印制板的预热温度及时间，要根据印制板的大小、厚度，元器件的尺寸和数量，以及贴装元器件的多少而确定。

印制板表面测量的预热温度应该在 90～130℃，多层板或贴片元器件较多时，预热温度取上限。预热时间由传送带的速度来控制。如果预热温度偏低或预热时间过短，那么助焊剂中的溶剂挥发不充分，焊接时就会产生气体，引起气孔、锡珠等焊接缺陷；如果预热温度偏高或预热时间过长，那么焊剂被提前分解而失去活性，同样会引起毛刺、桥接等焊接缺陷。

（2）焊接过程是焊接金属表面、熔融钎料和空气等之间相互作用的复杂过程，同样必须控制好焊接温度和时间，若焊接温度偏低，液体钎料的黏性大，不能很好地在金属表面润湿和扩散，就容易产生拉尖、桥连和焊接表面粗糙等缺陷；若焊接温度较高，容易损坏元器件，还会由于焊剂被炭化失去活性，焊点氧化速度加快，焊点就会失去光泽，不饱满。波峰焊的焊接时间可以通过调整传送系统的速度来控制，传送带的速度要根据不同波峰焊机的长度、预热温度、焊接温度等因素考虑，以每个焊点接触波峰的时间来表示焊接时间，一般焊接时间为 2～4s。

（3）焊后冷却的主要目的是缩短印制板受热时间，防止印制板变形。

波峰焊接技术不仅可以用于传统通孔插装印制板的组装工艺，也可用于表面组装与通孔插装元器件的混装工艺，适合波峰焊接的表面贴装元器件有矩形和圆柱形片式元件、小外形晶体管（Small Outline Transistor，SOT）及较小的小外形封装（Small Outline Package，SOP）等。

2.1.4 再流焊设备与工艺

1. 表面组装技术概述

扫一扫看表面组装概述微课视频

表面组装技术（Surface Mount Technology，SMT）是指用自动化组装设备将片式化、微型化的无引脚或短引脚的表面组装元件/器件（简称SMC/SMD），直接贴、焊到印制板表面或其他基板的表面规定位置上的一种电子装联技术，又被称为表面安装技术或表面贴装技术。

传统的电子组装技术采用的是通孔插装技术（Through Hole Packaging Technology，THT），它首先对所插装的元器件进行引脚折弯或校直处理，再将元器件的引脚插入印制板的通孔中，然后在电路板的引脚伸出面上进行焊接，最后进行引脚的修剪、清洗和测试等操作。通孔插装技术是传统的电子元器件组装方式，具有连接焊点牢固，工艺简单并可手工操作，产品体积大、质量大、难以实现双面组装等特点，相比于通孔插装技术，SMT 具有以下特点：

（1）组装密度高，电子产品体积小、质量小。贴片元器件的体积和质量只有传统插装元器件的 1/10 左右，一般采用 SMT 之后，电子产品体积缩小 40%～60%，质量减小 60%～80%。

（2）可靠性高、抗振能力强。表面组装元器件无引脚或引脚极短，使得装配结构抗振动、冲击力强，提高了产品的可靠性。

（3）高频特性好。SMT提高了元器件的组装密度，使得电路信号传输线路变短，减少了电磁和射频干扰，提高了产品的整机性能。

（4）易于实现自动化。SMT减少了传统的通孔插装技术工序，更加适于自动化大规模生产，提高了产品的生产效率，同时也降低了生产成本。

2．表面组装工艺

1）SMT基本工艺流程

SMT工艺有两类最基本的工艺流程：一类是焊锡膏-再流焊工艺，另一类是贴片胶-波峰焊工艺。在实际生产中，应根据所用元器件和生产设备的类型及产品的需要，选择不同的生产工艺，以满足不同产品生产的需求。

（1）焊锡膏-再流焊工艺：先在印制板焊盘上印刷适量的焊锡膏，再将贴片元器件贴放到印制板规定位置上，最后将贴装好元器件的印制板通过再流焊完成焊接过程，如图2.19所示。该工艺的特点是简单、快捷，有利于产品体积的减小，这种工艺流程主要适用于只有表面组装元器件的组装，在无铅焊接工艺中更显示出其优越性。

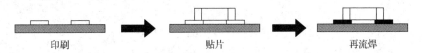

图2.19 焊锡膏-再流焊工艺

（2）贴片胶-波峰焊工艺：先在印制板焊盘间点涂适量的贴片胶，再将表面组装元器件贴放到印制板的规定位置上，然后将贴装元器件的印制板进行胶水的固化，之后插装元器件，最后将插装元器件与表面组装元器件同时进行波峰焊接，如图2.20所示。该工艺流程的特点是电子产品的体积进一步减小，并部分使用通孔元器件，价格更低，但所需设备增多，适用于表面组装元器件和插装元器件的混合组装。

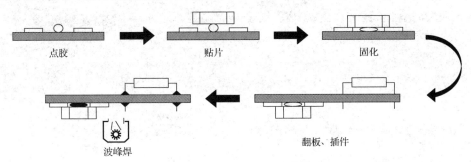

图2.20 贴片胶-波峰焊工艺

若将上述两种工艺流程混合与重复使用，则可以演变成多种工艺流程。

2）SMT工艺组装方式

（1）单面组装工艺。单面组装工艺流程：检测来料→印刷焊锡膏（点贴片胶）→贴片→烘干（固化）→再流焊→清洗→检测→返修，如图2.21所示。

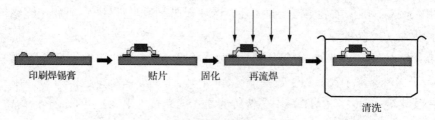

图 2.21　SMT 单面组装工艺流程

（2）单面混装工艺。单面混装工艺流程：检测来料→印刷焊锡膏（点贴片胶）→贴片→烘干（固化）→再流焊→插件→波峰焊→清洗→检测→返修，如图 2.22 所示。

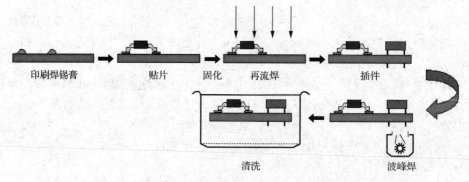

图 2.22　SMT 单面混装工艺流程

（3）双面组装工艺。双面组装工艺流程：检测来料→印制板的 A 面印刷焊锡膏（点贴片胶）→贴片→烘干（固化）→A 面再流焊→翻板→印制板的 B 面印制焊锡膏（点贴片胶）→贴片→烘干（固化）→再流焊→清洗→检测→返修，如图 2.23 所示。此工艺适用于在 PCB 两面均贴装有 PLCC 等较大的 SMD 时采用。

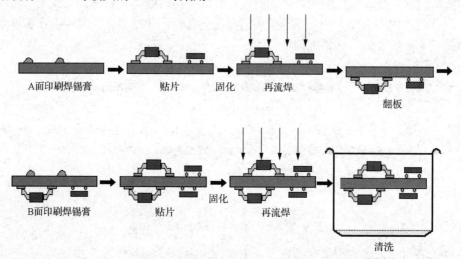

图 2.23　SMT 双面组装工艺流程

（4）双面混装工艺。双面混装工艺流程：检测来料→印制板的 A 面印刷焊锡膏→贴片→烘干（固化）→再流焊→插件，引脚打弯→翻板→印制板的 B 面点贴片胶→贴片→固化→翻板→波峰焊→清洗→检测→返修，如图 2.24 所示。A 面混装，B 面贴装。

项目 2 装接工艺

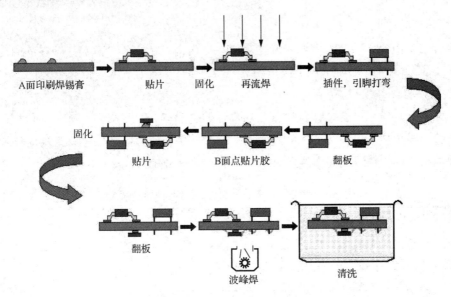

图 2.24 SMT 双面混装工艺流程

3）SMT 生产线

SMT 生产线主要由焊锡膏印刷机、贴片机、再流焊接设备和检测设备组成，如图 2.25 所示。SMT 生产线的设计和设备选型要结合主要产品生产实际需要、实际条件、一定的适应性和先进性等方面进行考虑。

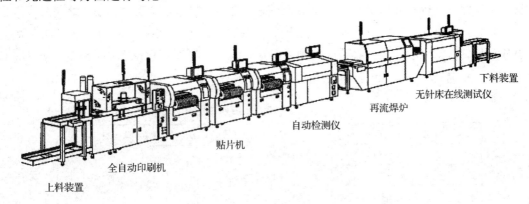

图 2.25 SMT 生产线的组成

3. 焊锡膏

焊锡膏（Solder Paste）又被称为焊膏、锡膏，是由合金粉末、糊状焊剂和一些添加剂混合而成的具有一定黏性和良好触变特性的浆料或膏状体。它是 SMT 工艺中不可缺少的焊接材料，广泛用于回流焊中。常温下，由于焊锡膏具有一定的黏性，可将电子元器件粘贴在印制板的焊盘上，在倾斜角度不是太大，也没有外力碰撞的情况下，一般元器件是不会移动的；当焊锡膏加热到一定温度时，焊锡膏中的合金粉末熔融再流动，液体钎料润湿元器件的焊端与印制板焊盘，在焊接温度下，随着溶剂和部分添加剂的挥发，冷却后元器件的焊端与焊盘被钎料互连在一起，形成电气与机械相连接的焊点。

1）焊锡膏的组成

焊锡膏主要由合金钎料粉末和助焊剂组成。焊锡膏中合金钎料粉末与助焊剂的体积之比约为1∶1，其中合金钎料粉末占总质量的85%～90%，助焊剂占总质量的15%～10%，即质量之比约为9∶1。

（1）合金钎料粉末：合金钎料粉末是焊锡膏的主要成分，其组成、颗粒形状和尺寸是决定焊锡膏特征及焊点质量的关键因素。常用焊锡膏的金属成分、熔化温度与用途如表2.4所示，目前最常用的焊锡膏的金属组分为Sn63Pb37和Sn62Pb36Ag2。

表2.4 常用焊锡膏的金属成分、熔化温度与用途

金属成分	熔化温度/℃		用途
	液相线	固相线	
Sn63Pb37	183	183	适用于普通表面组装板，不适用于含Ag、Ag/Pa材料电极的元器件
Sn60Pb40	183	188	
Sn62Pb36Ag2	179	189	适用于含Ag、Ag/Pa材料电极的元器件（不适用于水金板）
Sn10Pb88Ag2	268	290	适用于耐高温元器件及需要两次再流焊表面组装板的首次再流焊（不适用于水金板）
Sn96.5Ag3.5	221	221	适用于要求焊点强度较高的表面组装板的焊接（不适用于水金板）
Sn42Bi58	138	138	适用于热敏元器件及需要两次再流焊表面组装板的第二次再流焊

合金钎料粉末的形状、粒度和表面氧化程度对焊锡膏性能的影响很大。合金钎料粉末按形状分为无定形（针状、棒状）和球形两种。球形合金钎料粉末的表面积小、氧化程度低、制成的焊锡膏具有良好的印刷性能。合金钎料粉末的粒度一般在200～400目，要求锡粉颗粒大小分布均匀。常用的合金钎料粉末的颗粒尺寸分为4个类型，如表2.5所示。对于窄间距元器件，一般选用25～45μm的颗粒尺寸。

表2.5 4种粒度等级的焊锡膏

类型	80%以上的颗粒尺寸/μm	大颗粒要求	微粉颗粒要求
1型	75～150	>150μm的颗粒应少于1%	<20μm的微粉颗粒应少于10%
2型	45～75	>75μm的颗粒应少于1%	
3型	20～45	>45μm的颗粒应少于1%	
4型	20～38	>38μm的颗粒应少于1%	

在国内的钎料粉末或焊锡膏生产厂中，经常用分布比例衡量其均匀度：以25～45μm的合金钎料粉末为例，通常要求35μm左右的颗粒分布比例为60%左右，35μm以下及以上部分各占20%左右。合金钎料粉末的粒度愈小，黏度愈大；粒度过大，会使焊锡膏的黏接性能变差；粒度太细，则由于表面积增大，会使表面含氧量增高，也不宜采用。

（2）助焊剂：简称焊剂。在焊锡膏中，糊状助焊剂是合金粉末的载体，是净化焊接表面、提高润湿性，防止钎料氧化和确保焊锡膏质量及优良工艺性的关键材料。助焊剂的组成对焊锡膏的扩展性、润湿性、坍落度、黏性变化、清洗性、焊珠飞溅及储存寿命均有较大的影响。助焊剂的主要成分和功能如表2.6所示。

项目2 装接工艺

表2.6 助焊剂的主要成分和功能

焊剂成分	使用的主要材料	功能
树脂	松香、合成树脂	净化金属表面、提高润湿性
黏接剂	松香、松香脂、聚丁烯	提供贴装元器件所需的黏性,并保护和防止焊后印制板被再度氧化
活化剂	胺、苯胺、联氨卤化盐、硬脂酸等	净化金属表面
溶剂	甘油、乙醇类、酮类	调节焊锡膏工艺特性
其他	触变剂、界面活性剂、消光剂	防止分散和塌边、调节工艺性

2)焊锡膏的分类

(1)按合金钎料粉末的熔点分类:焊锡膏按熔点分为高温焊锡膏(217℃以上)、中温焊锡膏(173~200℃)和低温焊锡膏(138~173℃)。最常用的焊锡膏的熔点为178~183℃,随着所用金属种类和组成的不同,焊锡膏的熔点可提高至250℃以上,也可降为150℃以下,可根据焊接所需温度的不同,选择不同熔点的焊锡膏。

(2)按助焊剂的活性分类:助焊剂中通常含有卤素或有机酸成分,它能迅速消除被焊金属表面的氧化膜,降低钎料的表面张力,使钎料迅速铺展在被焊金属表面,但助焊剂的活性太高也会引起腐蚀等问题,所以需要根据产品的要求进行选择。焊锡膏按助焊剂的活性可分为R级、RMA级、RA级和SRA级,其对应性能和用途如表2.7所示。

表2.7 焊锡膏按助焊剂活性分类

类型	性能	用途
R	无活性	用于航天、航空电子产品
RMA	中度活性	用于军事、高可靠性电路组件
RA	完全活性	用于消费类电子产品
SRA	超活性	用于消费类电子产品

(3)按焊锡膏的黏度分类:焊锡膏黏度的变化范围很大,通常为100~600Pa·s,最高可达1000Pa·s以上。使用时依据施膏工艺手段的不同进行选择,如表2.8所示。

表2.8 焊锡膏按黏度分类

合金粉含量(%)	黏度值/(Pa·s)	应用范围
90	350~600	模板印刷
90	200~350	丝网印刷
85	100~200	分配器

(4)按清洗方式分类:

① 有机溶剂清洗类焊锡膏,如传统松香焊锡膏(其残留物安全、无腐蚀性)或含有卤化物或非卤化物活化剂的焊锡膏。

② 水清洗类焊锡膏,活性强,可用于难以钎焊的表面,焊后残渣易于用水清除;使用此类焊锡膏的印刷网板的寿命长。

③ 半水清洗和免清洗类焊锡膏。常用于半水清洗和免清洗的焊锡膏不含氯离子,有特殊的配方,焊接过程要氮气保护;其非金属固体含量极低,焊后残留物少到可以忽略,减少了清洗的要求。

3)焊锡膏的选择方法

(1)焊锡膏的活性可根据印制板的表面清洁程度来决定,一般采用RMA级,必要时采用 RA 级。

（2）根据不同的涂覆方法选用不同黏度的焊锡膏，一般焊锡膏分配器用黏度为 100～200Pa·s 的焊锡膏，丝网印刷用黏度为 100～300Pa·s 的焊锡膏，漏印模板印刷用黏度为 200～600Pa·s 的焊锡膏。

（3）精细间距印刷时选用球形、细粒度焊锡膏。

（4）双面焊接时，第一面采用高熔点焊锡膏，第二面采用低熔点焊锡膏，保证两者相差 30～40℃，以防止第一面已焊元器件脱落。

（5）当焊接热敏元件时，应采用含铋的低熔点焊锡膏。

（6）采用免洗工艺时，要用不含氯离子或其他强腐蚀性化合物的焊锡膏。

4．表面组装印刷工艺与设备

表面组装印刷技术是表面组装工艺技术的重要组成部分，在整个制造工艺过程中有着举足轻重的作用。印刷质量的好坏直接或间接影响 SMT 组件的功能和可靠性。印刷工序是影响整个 SMT 加工直通率的关键因素之一。据不完全统计，SMT 不良缺陷有 60%～70%是由印刷直接或间接因素引起的。

1）表面组装印刷原理

表面组装印刷是指利用金属模板或丝网板，在刮刀给模板上的焊锡膏向前、向下的压力下，推动焊锡膏向前滚动，经过模板窗口时，将焊锡膏涂覆在焊盘上的过程。按照印刷过程可以将表面组装印刷分为非接触式和接触式两类。

（1）非接触式印刷机理。非接触式印刷是用筛孔网板（丝网），在网板和 PCB 之间设置一定的间隙（间隙印刷）。非接触式印刷的原理和过程如图 2.26 所示。印刷前先将 PCB 固定在印刷工作台上，将印制了电路图形窗口的网板与 PCB 对准，预先将焊锡膏放在网板上，刮刀从网板的一端向另一端移动，并使网板和 PCB 表面接触，同时刮动焊锡膏，使其通过网板的图形窗口沉积在 PCB 焊盘上。

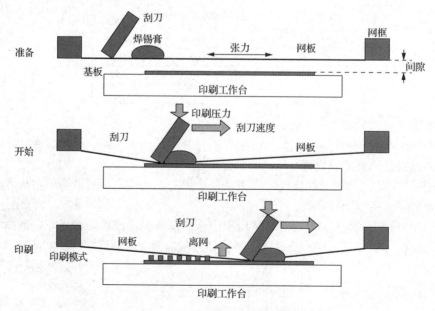

图 2.26　非接触式印刷的原理和过程

（2）接触式印刷机理。在接触式印刷法中，采用金属模板代替非接触式印刷中的丝网进行焊锡膏印制。网板和基板直接接触，没有间隙。印刷时移动刮刀，把焊锡膏填充到网板的开口部位。如果只是这样，那么焊锡膏就不能填充到基板上，所以需要使印刷工作台下降，从而通过基板离开网板的动作将焊锡膏转移到基板上，这个动作被称为离网动作。因此，接触式印刷可以分为焊锡膏填充和离网两个过程。接触式印刷的原理和过程如图 2.27 所示。

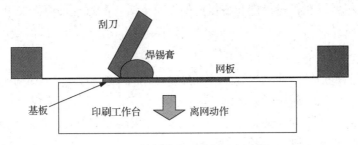

图 2.27　接触式印刷的原理和过程

（3）非接触式印刷与接触式印刷的比较。接触式印刷与非接触式印刷的原理基本相同，只是在设备的用法上有所不同。由于窗口提供了清晰的可见度，接触式印刷比非接触式印刷更容易在焊盘上接合，并且小孔不会堵塞，所以易连续印得高质量的产品。模板印刷比丝网容易清洗，而且较丝网结实，因而使用寿命长。模板所用焊锡膏的黏度可与丝网的相同，但黏度最好处于黏性限度内的较高点。此外，在非接触印刷中，使用间隙印制来保证适当焊锡膏厚度的沉积，防止大量印制中出现的涂抹现象，而在接触式印刷中，模板和基板间直接接触，没有间隙，不存在涂抹的问题。在接触式印刷中可使用手工印刷来完成印制工作，但是在非接触式印刷中，由于丝网对准较难，所以非接触式中不能使用手工印刷。非接触式印刷与接触式印刷对比如表 2.9 所示。

表 2.9　非接触式印刷与接触式印刷的对比

印刷技术	非接触式印刷	接触式印刷
使用寿命	短	长
成本	低	高
手工或机器印刷	只能机器印刷	两者皆可
接触或非接触印刷	只能非接触印刷	两者皆可
对粒度的敏感性	强，易堵塞	弱，不易堵塞
黏度范围/（Pa·s）	窄（450～600）	宽（700～1500）
准备时间	长	短
同面印不同厚度焊锡膏	不可以	可以
清洗性	不易清洗	易清洗
周转时间	短	长
多层次印刷	不允许	允许

2）表面组装印刷工艺过程

表面组装印刷工艺的基本过程：定位→填充刮平→释放→擦网。

（1）定位：PCB 通过自动上板机传输到印刷机内，首先由两边导轨夹持和底部支撑进行机械定位，然后通过光学识别系统对 PCB 和模板进行识别校正，从而保证模板窗口和 PCB

的焊盘准确对位。

（2）填充刮平：刮刀带动焊锡膏经过窗口区，在这一过程中，必须让焊锡膏进行良好的滚动和良好的填充，多余的焊锡膏由刮刀带走并整平。

（3）释放：将印好的焊锡膏由模板窗口转移到 PCB 焊盘上的过程，良好的释放可以保证得到良好的焊锡膏外形。

（4）擦网：将残留在模板底部和窗口内的焊锡膏清除的过程，可以采用手工和机器擦拭两种方式进行擦网操作。

3）表面组装印刷机的分类

表面组装印刷机是用来印刷焊锡膏或贴片胶，并将焊锡膏或贴片胶正确地漏印到 PCB 相应的位置上。当前，用于印刷焊锡膏的印刷机品种繁多，若以自动化程度来分类，可以分为手动印刷机、半自动印刷机、视觉半自动印刷机、全自动印刷机。常见的 PCB 放进和取出方式有两种：一种是将整个刮刀机构同模板抬起，将 PCB 放进和取出，多见于手动印刷机和半自动印刷机；另一种是刮刀机构和模板不动，PCB 平进和平出，模板和 PCB 垂直分离，多见于全自动印刷机。

（1）手动印刷机。手动印刷机的各种参数和操作均需要人工调节与控制，主要用于小批量生产和难度不高的产品中。

（2）半自动印刷机。半自动印刷机除了 PCB 的装夹过程是人工放置，其余操作均由机器连续完成，但第一块 PCB 与模板窗口的位置是通过人工来对中的。

（3）全自动印刷机。全自动印刷机通常装有光学对中系统，通过对 PCB 和模板上的对中标志的识别，可以自动实现模板窗口和 PCB 焊盘的自动对中，在 PCB 自动装载后，能实现全自动运行。但印刷机的多种工艺参数，如刮刀速度、刮刀压力、模板和 PCB 之间的间隙仍需要人工设定。

4）印刷机系统的组成

表面组装印刷机基本由以下几部分组成：基板夹持机构（工作台）、PCB 定位系统、刮刀系统、丝网或模板、模板固定装置，以及为保证印刷精度而配置的其他选件等。印刷机必须结构牢固，具有足够的刚性，满足精度要求和重复性要求。

（1）基板夹持机构。基板夹持机构用来夹持 PCB，使之处于适当的印制位置，包括工作台面、夹持机构、工作台传输控制机构等。

（2）PCB 定位系统。带双面真空吸盘的工作台，可用来印制双面板。PCB 的定位一般采用孔定位，再用真空吸紧。工作台的 X、Y、Z 轴均可微调，以适合不同种类 PCB 的要求和精确定位。

（3）刮刀系统。刮刀系统的功能是使焊锡膏在整个网板面积上扩展成为均匀的一层，刮刀按压网板，使网板与 PCB 接触；刮刀推动模板上的焊锡膏向前滚动，同时使焊锡膏充满模板开口；当模板脱开 PCB 时，在 PCB 上相应于模板图形处留下适当厚度的焊锡膏。

（4）模板固定装置。如图 2.28 所示是一个滑动式模板固定装置的结构示意。松开锁紧杆，调整模板（钢网）安装框，可以安装或取出不同尺寸的模板。安装模板时，将模板放入安装框中，抬起一点，轻轻向前滑动，然后锁紧，每种印刷设备都有安装模板允许的最大和最小尺寸。超过最大尺寸则不能安装，小于最小尺寸则可通过钢网适配器来配合安装。

项目 2 装接工艺

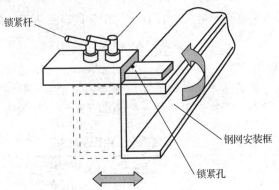

图 2.28 模板（钢网）固定装置结构示意

（5）模板清洁装置。滚筒式卷纸模板清洁装置，能有效地清洁模板背面和开孔上的焊锡膏微粒和助焊剂。装在机器前方的卷纸可以更换、维护。为了使卷纸清洁模板保持干净并防止卷纸浪费，上部的滚轴由带刹刀的电动机控制，内部设有溶剂喷洒装置，清洁溶剂的喷洒量可以通过控制旋钮进行调整。

5）印刷机工艺参数的调节

（1）刮刀的夹角。刮刀的最佳角度应设定在 45°～60° 范围内，此时焊锡膏有良好的滚动性。

（2）刮刀的速度。刮刀的速度快，焊锡膏所受的力也大。但如果刮刀速度过快，则焊锡膏将不能滚动，而仅在印刷模板上滑动。最大的印刷速度应保证 QFP 焊盘焊锡膏印刷纵横方向均匀、饱满，通常当刮刀速度控制在 20～40mm/s 时，印刷效果较好。有的印刷机具有刮刀旋转 45° 的功能，以保证细间距 QFP 印刷时四面焊锡膏量均匀。

（3）刮刀的压力。刮刀的压力即通常所说的印刷压力，印刷压力不足会引起焊锡膏刮不干净且导致 PCB 上焊锡膏量不足；如果印刷压力过大，那么又会导致模板背后的渗漏，同时也会引起丝网或模板不必要的磨损。理想的刮刀速度与压力应该以正好把焊锡膏从钢板表面刮干净为准。

（4）刮刀宽度。如果刮刀相对于 PCB 过宽，那么就需要更大的压力、更多的焊锡膏参与其工作，因而会造成焊锡膏的浪费。一般刮刀的宽度以 PCB 长度加上 50mm 左右为最佳。

（5）印刷间隙。采用漏印模板印刷时，通常保持 PCB 与模板零距离，部分印刷机器还要求 PCB 平面稍高于模板的平面，调节后模板的金属模板微微被向上撑起，但此撑起的高度不应过大，否则会引起模板损坏。从刮刀运行动作上看，刮刀在模板上运行自如，既要求刮刀所到之处焊锡膏全部被刮走，又要求刮刀不应在模板上留下划痕。

（6）分离速度。焊锡膏印刷后，钢板离开 PCB 的瞬时速度也是关系印刷质量的参数，其调节能力也是体现印刷机质量好坏的参数，在精密印刷中尤其重要。早期的印刷机采用恒速分离，先进的印刷机其钢板离开焊锡膏图形时有一个微小的停留过程，以保证获取最佳的印刷图形。

6）影响印刷性能的主要因素

在焊锡膏印刷中，影响印刷性能和焊锡膏质量的工艺操作因素繁多，要达到最佳的印刷效果和质量必须从主要方面考虑。主要包括以下因素：模板材料、厚度、开孔尺寸、制作方法；焊锡膏的黏度、成分配比、颗粒形状和均匀度；印刷机的精度和性能、印刷方式；刮刀的硬度、刮印压力、刮印速度和角度；PCB 基板的平整度、阻焊膜；其他方面，如焊锡膏量、环境条件及模板管理等。

7）常见印刷缺陷与分析

（1）缺焊锡膏。缺焊锡膏是指基板焊盘的焊锡膏填充量不足的现象。未填充、缺锡、少锡、凹陷等都属于填充量不足。缺焊锡膏的产生原因及解决办法如表 2.10 所示。

表 2.10 缺焊锡膏的产生原因及解决办法

产生原因	解决办法
印刷压力、刮刀速度、离网条件	调整刮刀压力、速度和离网速度等参数
焊锡膏搅拌不足	提高焊锡膏的质量
网板的制作方法、网板清洁不良	更换网板或按要求认真清洗

（2）渗透。渗透是指助焊剂渗透在被填充的焊盘周围的现象。渗透的产生原因及解决办法如表 2.11 所示。

表 2.11 渗透的产生原因及解决办法

产生原因	解决办法
印刷压力大，网板和基板有间隙	调整印刷参数，减小压力和间隙
焊锡膏质量、搅拌过度	提高焊锡膏的质量
PCB 翘曲	更换 PCB
网板反面污染	及时清洁网板

（3）桥连。桥连是焊锡膏被印刷到相邻的焊盘上的现象。桥连的产生原因及解决办法如表 2.12 所示。

表 2.12 桥连的产生原因及解决办法

产生原因	解决办法
网板和基板的位置偏离、印刷压力、间隙	应合理调整印刷参数
网板反面变脏	及时清洁网板

（4）偏离。偏离的产生原因及解决办法如表 2.13 所示。

表 2.13 偏离的产生原因及解决办法

产生原因	解决办法
网板开口部位和基板焊盘的位置偏离，网板和基板的位置对准不良是主要原因，也有网板制作不良的情况	调整钢板位置
印刷机的印刷精度不够	调整印刷机

（5）拉尖。拉尖是指焊盘上的锡膏成小丘状。拉尖的产生原因及解决办法如表 2.14 所示。

表 2.14 拉尖的产生原因及解决办法

产生原因	解决办法
钢网开孔不光滑、钢网开孔尺寸过小	改进模板窗口设计
橡皮刮刀的硬度不够	更换为金属刮刀
脱模速度不合理	调整脱模速度
钢网擦拭不干净	清洗钢网
焊锡膏的黏度大	添加稀释剂，选择合适黏度的焊锡膏

项目 2 装 接 工 艺

(6) 焊锡膏量太多。焊锡膏量太多的产生原因及解决办法如表 2.15 所示。

表 2.15 焊锡膏量太多的产生原因及解决办法

产生原因	解决办法
模板窗口尺寸过大	检查模板窗口尺寸
模板与 PCB 之间的间隙太大	调节印刷参数,特别是 PCB 模板的间隙

5. 表面贴片工艺与设备

扫一扫看表面贴装工艺微课视频

贴片就是将表面贴装元器件从其包装结构中取出,然后贴放到 PCB 的指定焊盘位置上,在英文中将这一过程称为 Pick and Place。所贴放的焊盘位置需是已涂覆了焊锡膏的,或虽未涂覆焊锡膏,但在元器件所覆盖的 PCB 面上已涂覆了贴片胶。贴放后,元器件依靠焊锡膏或贴片胶的黏附力被粘在指定的焊盘位置上。

贴片技术是保证 SMT 产品组装质量和效率的关键工序。一般情况下,焊锡膏印刷一次就可完成整个 PCB 的印刷,而表面组装元器件的贴装由贴片机一片一片地贴装,所以贴片机的技术性能会直接影响生产效率及质量,因此,贴片机是 SMT 产品组装生产线中的核心设备,它也决定着电子产品组装技术中的自动化程度。

1) 贴片的工作过程

表面组装贴片机实现贴片任务的基本过程如下:

(1) PCB 被送入贴片机的工作台,经光学找正后固定。

(2) 送料器将待贴装的元器件送入贴片机的吸拾工位,贴片机贴片头以适当的吸嘴将元器件从其包装结构中吸取出来。

(3) 在贴片头将元器件送往 PCB 的过程中,贴片机的自动光学检测系统与贴片头相配合,完成对元器件的检测、对中校正等任务。

(4) 贴片头到达指定位置后,控制吸嘴以适当的压力将元器件准确地放置到 PCB 的指定焊盘位置上,元器件同时被已涂布的焊锡膏、贴片胶粘住。

(5) 重复上述第(2)~(4)步的动作,直到将所有待贴装元器件贴放完毕,上面带有元器件的 PCB 被送出贴片机,整个贴片机的工作便全部完成。下一个 PCB 又被送到工作台上,开始新的贴放工作。贴片过程示意如图 2.29 所示。

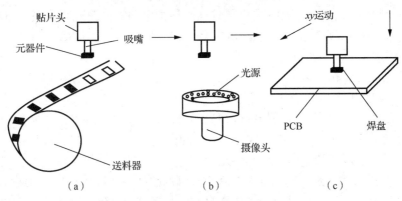

图 2.29 贴片过程示意

2）贴片机的分类

常见的贴片机以日本和欧美的品牌为主，主要有 FUJI、SIEMENS、UNIVERSAL、PHILIPS、Panasonic、YAMAHA、CASIO、SONY 等。

（1）贴片机按照自动化程度可以分为全自动贴片机、半自动贴片机和手动贴片机 3 种。

（2）贴片机按照贴装速度可以分为高速机（通常贴装速度在 5 Chips/s 以上）与中速机。而多功能贴片机（又被称为泛用贴片机）能够贴装大尺寸的器件和连接器等异形元器件。

（3）贴片机按照贴装元器件的工作方式可以分为 4 种类型：流水作业式、顺序式、同时式和顺序-同时式，如图 2.30 所示。目前，在国内电子产品制造企业里，使用最多的是顺序式贴片机。

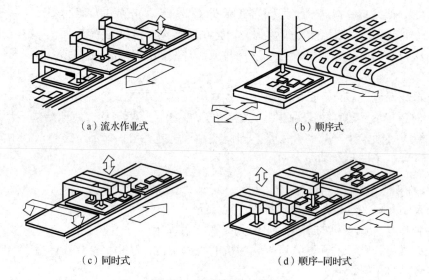

(a) 流水作业式　　　　(b) 顺序式

(c) 同时式　　　　(d) 顺序-同时式

图 2.30　贴片机的工作方式

① 流水作业式贴片机是指由多个贴装头组合而成的流水线式的机型，每个贴装头负责贴装一种或在电路板上某一部位的元器件。

② 顺序式贴片机是由单个贴装头顺序地拾取各种贴片元器件，固定在工作台上的电路板通过计算机控制在 X-Y 方向上移动，使板上贴装元器件的位置恰好位于贴装头的下面。

③ 同时式贴片机也被称为多贴装头贴片机，它有多个贴装头，分别从供料系统中拾取不同的元器件，同时把它们贴放到电路基板的不同位置上。

④ 顺序-同时式贴片机是顺序式和同时式两种机型功能的组合。贴片元器件的放置位置，可以通过电路板在 X-Y 方向上的移动或贴装头在 X-Y 方向上的移动来实现，也可以通过两者同时移动实施控制。

（4）贴片机按照结构可以分为拱架式贴片机、转塔式贴片机和模块机。

① 拱架式贴片机也被称为动臂式贴片机，还可以被称为平台式结构或过顶悬梁式结构贴片机。这种结构一般采用一体式的基础框架，将贴装头横梁的 X/Y 定位系统安装在基础框架上，将电路板识别照相机（俯视照相机）安装在贴装头的旁边。PCB 被传送到机器中间的工作平台上固定，供料器被安装在传送轨道的两边，在供料器旁安装有元器件识别照相机。工作时，PCB 与供料器固定不动，安装有真空吸嘴的贴片头在供料器与 PCB 之间来回移动，将元器件从供料器取出，经过对元器件位置与方向的调整后，将元器件贴放于 PCB 上。

项目 2 装 接 工 艺

② 转塔式贴片机也被称为射片机，它的基本工作原理：搭载供料器的平台在贴片机的左右方向不断移动，将装有待吸取元器件的供料器移动到吸取位置。PCB 沿 X、Y 方向运行，使 PCB 精确地定位于规定的贴片位置，而属于贴片机核心的转塔携带着元器件转动到贴片位置，在运动过程中实施视觉检测，经过对元器件位置与方向的调整，将元器件贴放于 PCB 上。

由于转塔的特点，将贴片动作细微化，选换吸嘴、供料器移动到位、取元器件、元器件识别、角度调整、工作台移动（包含位置调整）、贴放元器件等动作都可以在同一时间周期内完成，实现了真正意义上的高速度。

③ 模块机使用一系列小的单独的贴装单元（也被称为模块），每个单元安装有独立的贴装头和元器件对中系统。每个贴装头可吸取有限的带状料，贴装于 PCB 的一部分，PCB 以固定的时间间隔在机器内步步推进。单独地各个单元机器的运行速度较慢，可是，它们连续地或平行地运行会有很高的产量。例如，PHILIPS 公司的 AX-5 机器可最多有 20 个贴装头，实现了每小时 15 万片的贴装速度，但就每个贴装头而言，贴装速度在每小时 7500 片左右，这种机型主要适用于规模化生产。

3）贴片机的结构

贴片机的基本结构包括设备机体、贴片头及其驱动定位装置、供料器、传感系统、计算机控制系统等。为适应高密度超大规模集成电路的贴装，贴片机还具有光学检测与视觉对中系统，保证芯片能够被高精度地准确定位。

（1）设备机体。贴片机的设备机体是用来安装和支撑贴片机的底座的，一般采用质量大、振动小、有利于保证设备精度的铸铁件制造。

（2）贴片头。贴片头也被称为吸放头，它的动作由拾取→贴放和移动→定位两种动作模式组成。贴装头通过程序控制，自动校正位置，按要求拾取元器件，精确地将元器件贴放到指定的焊盘上，实现从供料系统取料后移动到 PCB 的指定位置上的操作。

贴片头的端部有一个用真空泵控制的贴装工具，即吸嘴。吸嘴是贴片头上进行拾取和贴放的贴装工具，它是贴片头的心脏。不同形状、不同大小的元器件要采用不同的吸嘴拾放。当换向阀门打开时，吸嘴的负压把表面组装元器件从供料系统中吸上来；当换向阀门关闭时，吸嘴把元器件释放到 PCB 上。

（3）供料器。供料器也被称为送料器或喂料器，其作用是将片式表面组装元器件按照一定规律和顺序提供给贴片头，以方便贴片头吸嘴的准确拾取，为贴片机提供元器件进行贴片。例如，有一种 PCB 上需要贴装 10 种元器件，这时就需要 10 个供料器为贴片机供料。供料器按机器品牌及型号区分，一般来说不同品牌的贴片机所使用的供料器是不相同的，但相同品牌不同型号的贴片机的供料器一般可以通用。

根据表面组装元器件包装的不同，供料器通常有带状供料器、管状供料器、盘状供料器和散装供料器等。

（4）视觉对中系统。视觉对中系统在工作过程中用于对 PCB 的位置进行确认。视觉对中系统如图 2.31 所示。当 PCB 被输送至贴片位置上时，安装在贴片机头部的 CCD（Charge Coupled Device，电荷耦合器件）首先通过对 PCB 上定位标志的识别，实现对 PCB 位置的确认；CCD 对定位标志确认后，通过 Bus（总线）反馈给计算机，计算出贴片圆点位置误差（ΔX，ΔY），同时反馈给控制系统，以实现 PCB 的识别过程并被精确定位，使贴装头能把元器件准确地释放到一定的位置上。在确认 PCB 位置后，接着是对元器件的确认，包括元器件的外形是否与程序一致，元器件的中心是否居中，元器件引脚的共面性和形变。其中，元器件的对中过程为：贴片头吸取元器件后，视觉系统对元器件成像，并转换成数字图像信号，经计算机分析出元器件的几何中心和几何尺寸，并与控制程序中的数据进行比较，计算出吸嘴中心与元器件中心在 ΔX、ΔY 和 $\Delta \theta$ 的误差，并及时反馈至控制系统进行修正，保证元器件引脚与 PCB 焊盘重合。视安装位置或摄像机类型的不同，视觉系统一般分为俯视、仰视、头部或激光对齐。

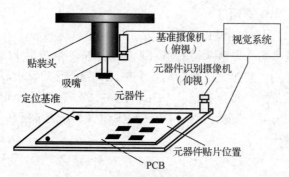

图 2.31　贴片机的视觉对中系统

（5）传感系统。为了使贴片机各机构能协同工作，贴片头安装有多种形式的传感器，它们像贴片机的眼睛一样，时刻监督机器的运转情况，并能有效地协调贴片机的工作状态。贴片机中传感器应用得越多，表示贴片机的智能化水平越高。贴片机中的传感器主要包括以下几种：

① 压力传感器。贴片机的压力系统包括各种气缸的工作压力和真空发生器，这些发生器均对空气压力有一定的要求，低于设备规定的压力时，机器就不能正常运转。压力传感器始终监视压力的变化，一旦机器异常，将会及时报警，提醒操作人员及时处理。

② 负压传感器。吸嘴依靠负压吸取元器件，吸取元器件时，必须达到一定的真空度才能判别所拾元器件是否正常。因此，负压的变化反映了吸嘴吸取元器件的情况。如果供料器没有元器件或元器件过大被卡在供料器上抑或负压不够，那么吸嘴都将吸不到元器件；或者吸嘴虽然吸到元器件，但是元器件吸着错误，又或者在贴片头运动过程中，由于受到运动力的作用而掉下，都会使吸嘴压力发生变化；这些情况都由负压传感器进行监视。通过检测压力变化，贴片机就可以控制贴装情况，并在异常情况时发出报警信号，提醒操作者及时处理。

③ 位置传感器。PCB 的传输定位、计数，贴片头和工作台的实时监测，辅助机构的运动等，都对位置有严格的要求，这些位置要求通过各种形式的位置传感器来实现。

④ 图像传感器。贴片机的工作状态主要通过 CCD 图像传感器实时显示，它能采集各种所需的图像信号，包括 PCB 的位置、元器件的尺寸，并经过计算机分析处理，使贴片头完成调整与贴片工作。

⑤ 激光传感器。激光传感器现在已经被广泛应用于贴片机上，它能帮助判别元器件引脚的共面性。

（6）计算机控制系统。计算机控制系统是指挥贴片机进行准确有序操作的核心，目前大多数贴片机的计算机控制系统采用 Windows 系统。可以通过高级语言软件或硬件开关，在线或离线编制计算机程序并自动进行优化，控制贴片机的自动工作步骤。贴片机的计算机控制系统通常采用二级计算机控制：子级由专用工控计算机系统构成，完成对机械机构运动的控制；主控计算机采用 PC（Personal Computer，个人计算机）实现编程和人机对话。

4）表面贴片工艺的质量要求

要保证贴片质量，应该考虑 3 个要素：贴装元器件的正确性、贴装位置的准确性和贴装压力（贴装高度）的适度性。

(1) 贴片工序对贴装元器件的要求：

① 元器件的类型、型号、标称值和极性等特征标记，都应该符合产品装配图和明细表的要求。

② 被贴装元器件的焊端或引脚至少要有厚度的 1/2 浸入焊锡膏。在进行一般元器件贴片时，焊锡膏挤出量应小于 0.2 mm，窄间距元器件的焊锡膏挤出量应小于 0.1 mm。

③ 元器件的焊端或引脚都应该尽量和焊盘图形对齐、居中。回流焊时，熔融的钎料使元器件具有自定位效应，允许元器件的贴装位置有一定的偏差。

(2) 元器件贴装偏差及贴装压力要求：

① 矩形元器件允许的贴装偏差范围。如图 2.32 所示，图（a）所示的元器件贴装优良，元器件的焊端居中位于焊盘上；图（b）所示的元器件在贴装时发生了横向移位（规定元器件的长度方向为"纵向"），合格的标准是焊端宽度的 3/4 以上在焊盘上，即 $D_1 \geq$ 焊端宽度的 75%，否则为不合格；图（c）所示的元器件在贴装时发生了纵向移位，合格的标准是焊端与焊盘必须交叠，即 $D_2 \geq 0$，否则为不合格；图（d）所示的元器件在贴装时发生了旋转偏移，合格的标准是 $D_3 \geq$ 焊端宽度的 75%，否则为不合格；图（e）所示为元器件在贴装时与焊锡膏图形的关系，合格的标准是元器件焊端必须接触焊锡膏图形，否则为不合格。

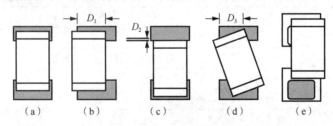

图 2.32　矩形元器件贴装偏差

② 小外形晶体管（SOT）允许的贴装偏差范围。允许有旋转偏差，但引脚必须全部在焊盘上。

③ 小外形集成电路（SOIC）允许的贴装偏差范围。允许有平移或旋转偏差，但必须保证引脚宽度的 3/4 在焊盘上，如图 2.33 所示。

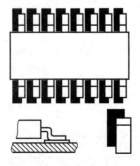

图 2.33　SOIC 集成电路贴装偏差

④ 四方扁平封装元器件（QFP、PLCC）允许的贴装偏差范围。要保证引脚宽度的 3/4 在焊盘上，允许有旋转偏差，但必须保证引脚长度的 3/4 在焊盘上。

⑤ BGA 器件允许的贴装偏差范围。焊球中心与焊盘中心的最大偏移量小于焊球半径，如图 2.34 所示。

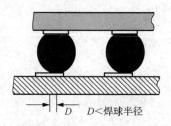

图 2.34　BGA 集成电路贴装偏差

⑥ 元器件贴片压力（贴装高度）。元器件贴片压力要合适，如果压力过小，那么元器件焊端或引脚就会浮放在焊锡膏表面，焊锡膏就不能粘住元器件，在传送和焊接 PCB 过程中，未粘住的元器件可能会移动位置。

5）常见的 SMT 贴片品质问题

常见的 SMT 贴片品质问题有漏件、侧件、翻件、偏位、损件等。对于不同的 SMT 贴片品质问题，可以考虑表 2.16 所示的主要因素。

表 2.16　SMT 贴片品质问题原因分析

品质问题	原因分析
漏件	元器件供料架送料不到位
	元器件吸嘴的气路堵塞、吸嘴损坏、吸嘴高度不正确
	设备的真空气路故障，发生堵塞
	电路板进货不良，产生变形
	电路板的焊盘上没有焊锡膏或焊锡膏过少
	元器件质量问题，同一品种元器件的厚度不一致
	贴片机调用程序有错漏，或者编程时对元器件厚度参数的选择有误
	人为因素不慎碰掉元器件
侧件、翻件	元器件供料架送料异常
	贴装头的吸嘴高度不对
	贴装头抓料的高度不对
	元器件编带的装料孔尺寸过大，元器件因振动翻转
	散料放入编带时的方向弄反
偏位	贴片机编程时，元器件的 X、Y 轴坐标不正确
	贴片吸嘴原因，使吸料不稳
损件	定位顶针过高，使 PCB 的位置过高，元器件在贴装时被挤压
	贴片机编程时，元器件的 Z 轴坐标不正确
	贴装头的吸嘴弹簧被卡死

项目 2 装接工艺

6．再流焊工艺与设备

再流焊又被称为回流焊，是通过重新熔化预先分配到 PCB 焊盘上的膏状软钎料，实现表面组装元器件焊端或引脚与 PCB 焊盘之间机械与电气连接的软钎焊。再流焊操作方法简单、效率高、质量好、一致性好、节省钎料，是一种适用于自动化生产的电子产品装配技术，目前已成为 SMT 的主流。

1）再流焊的特点

（1）元器件受到的热冲击小。

（2）能控制钎料的施加量。

（3）有自定位效应：当元器件贴放位置有一定偏离时，由于熔融钎料的表面张力作用，当其全部焊端或引脚与相应焊盘同时被润湿时，在表面张力作用下，自动被拉回到近似目标位置的现象。

扫一扫看再流焊工艺视频

（4）钎料中不会混入不纯物，能正确地保证钎料的组分。

（5）可在同一基板上，采用不同焊接工艺进行焊接。

（6）工艺简单，焊接质量高。

2）再流焊的原理

PCB 由入口进入再流焊炉膛，到出口传出完成焊接，整个再流焊过程一般需经过预热、保温、再流、冷却 4 个温度不同的阶段。要合理设置各温区的温度，使炉膛内的焊接对象在传输过程中所经历的温度按合理的曲线规律变化，这是保证再流焊质量的关键。

PCB 通过再流焊机时，表面组装器件上某一点的温度随时间变化的曲线，称为温度曲线。如图 2.35 所示是典型的再流焊温度曲线。

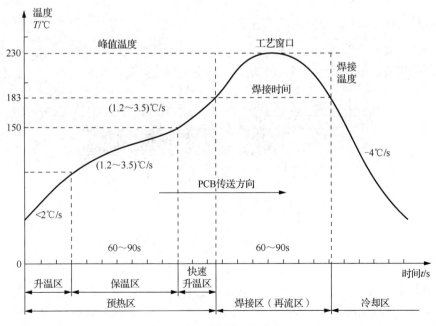

图 2.35　再流焊温度曲线

(1) 预热阶段：预热是为了使焊锡膏活性化，及避免浸锡时进行急剧高温加热引起部品不良所进行的加热行为。该区域的目标是把室温的 PCB 尽快加热，但升温速率要控制在适当范围以内，如果过快，则会产生热冲击，电路板和元器件都可能受损；如果过慢，则溶剂挥发不充分，影响焊接质量。由于加热速度较快，所以在温区的后段，表面组装组件（Surface Mount Assembly，SMA）内的温差较大。为防止热冲击对元器件的损伤，一般规定最大升温速率为 4℃/s，通常上升速率设定为 1~3℃/s。

(2) 保温阶段：保温阶段的主要目的是使 SMA 内各元器件的温度趋于稳定，尽量缩小温差。在这个区域中，给予足够的时间使较大元器件的温度赶上较小元器件，并保证焊锡膏中的助焊剂得到充分挥发。到保温阶段结束，焊盘、钎料球及元器件引脚上的氧化物在助焊剂的作用下被除去，整个电路板的温度也达到平衡。应注意的是，SMA 上所有元器件在这一阶段结束时应具有相同的温度。

(3) 再流阶段：当 PCB 进入再流区时，温度迅速上升使焊锡膏达到熔化状态。有铅焊锡膏 63Sn37Pb 的熔点是 183℃，无铅焊锡膏 96.5Sn3Ag0.5Cu 的熔点是 217℃。在这一区域中，加热器的温度设置得最高，使组件的温度快速上升至峰值温度。再流焊曲线的峰值温度通常是由焊锡的熔点温度、组装基板和元器件的耐热温度决定的。在再流阶段，其焊接峰值温度视所用焊锡膏的不同而不同，一般无铅焊锡膏最高温度在 230~250℃，有铅焊锡膏最高温度在 210~230℃。峰值温度过低，易产生冷接点及润湿不够；过高，则易发生环氧树脂基板和塑胶部分焦化和脱层，而且过量的共晶金属化合物将形成，并导致脆的焊接点，影响焊接强度。再流时间不要过长，以防对 SMA 造成不良影响。

(4) 冷却阶段：在此阶段，温度冷却到固相温度以下，使焊点凝固。冷却速率将对焊点的强度产生影响。冷却速率过慢，将导致过量共晶金属化合物产生，以及在焊接点处易产生大的晶粒结构，使焊接点强度变低。冷却区的降温速率一般在 4℃/s 左右，冷却至 75℃即可。

3）再流焊设备的组成

全自动再流焊机的外形如图 2.36 所示。全自动再流焊机由控制系统、顶盖升起系统、传动系统、加热系统、氮气装备、冷却系统、抽风系统和助焊剂回收系统 8 个部分组成。

图 2.36　全自动再流焊机的外形

(1) 控制系统。控制系统是再流焊设备的中枢，早期的再流焊设备主要以仪表控制方式为主，但随着计算机应用的普及和发展，先进的再流焊设备已经全部采用了计算机或可编程序逻辑控制器（Programmable Logic Controller，PLC）控制方式。

(2) 顶盖升起系统。上炉体可整体开启，便于炉膛清洁。拨动上炉体升降开关，由电动

机带动升降杆完成启/闭动作。同时，蜂鸣器发出声响提醒人注意。

（3）传动系统。传动系统是将电路板从再流焊机入口按一定速度输送到再流焊机出口的传动装置，包括导轨、网带（中央支撑）、链条、运输电动机、轨道宽度调整机构、运输速度控制机构等部分。其主要传动方式有链传动、链传动＋网传动、网传动、双导轨运输系统、链传动＋中央支撑系统，其中，比较常用的传动方式为链条/网带传动方式，即链传动＋网传动。链条的宽度是可调节的，PCB 放置在链条导轨上，可实现 PCB 的双面板焊接，其中不锈钢网可防止 PCB 脱落，将 PCB 放置在不锈钢链条或网带上进行运输。

为保证链条、网带等传动部件的速度一致，传动系统中装有同步链条，运输电动机通过同步链条带动运输链条、网带的传动轴的同齿轮转动。

（4）加热系统。全热风与红外加热是目前应用较为广泛的两种再流焊加热方式。

全热风再流焊机的加热系统主要由热风电动机、加热管、热电偶、固态继电器（Solid State Relay，SSR）、温控模块等部分组成。在每个温区内装有加热管，热风电动机带动风轮转动，形成的热风通过特殊结构的风道，经过整流板吹出，使热气均匀分布在温区内。

每个温区均有热电偶，安装在整流板的风口位置，检测温区的温度，并把信号传递给控制系统中的温控模块，温控模块接收到信号后，实时进行数据运算处理，决定其输出端是否输出信号给固态继电器来控制加热元件给温区加热。另外，热风电动机的转速也将直接改变单位面积内的热风速度，因此，风机速率也是影响温区温度的重要因素。

（5）氮气装备。氮气通过一个电磁阀分给几个流量计，由流量计把氮气分配给各区，氮气通过风机吹到炉膛。PCB 在预热区、焊接区及冷却区进行全程氮气保护，可杜绝焊点及铜箔在高温下的氧化，增强熔化钎料的润湿能力，减少内部空洞，提高焊点质量。

（6）冷却系统。冷却区在加热区后部，对加热完成的 PCB 进行快速冷却，空气炉采用风冷方式，通过外部空气冷却；氮气炉采用水冷方式，同时配有助焊剂回收系统。

（7）抽风系统。抽风系统保证助焊剂排放良好，特殊的废气过滤、抽风系统可保持工作环境的空气清洁，减少废气对排风管道的污染。

（8）助焊剂回收系统。助焊剂回收系统中设有蒸发器，通过蒸发器将助焊剂挥发物加热到 450℃以上进行汽化，然后冷水机把水冷却后循环经过蒸发器，助焊剂通过上层风机被抽出，通过蒸发器冷却形成液体流到回收罐中。

4）再流焊工艺

（1）再流焊工艺要求：

① 设置合理的再流焊温度曲线。再流焊是 SMT 生产中的关键工序，只有根据再流焊的原理，设置合理的温度曲线，才能保证再流焊的质量。不恰当的温度曲线会产生焊接缺陷，影响产品质量，所以要定期做温度曲线的实时测试。合理设置各温区的温度、轨道传输速度等参数，使炉膛内的焊接对象在传输过程中所经历的温度按理想的曲线规律变化，是保证再流焊效果与质量的关键。

② 按照 PCB 设计时的焊接方向进行焊接。

③ 焊接过程中，在传送带上放 PCB 时要轻轻地放平稳，严防传送带振动，并注意在机器出口处接板，以防后出来的板掉落在先出来的板上，碰伤元器件的引脚。

④ 必须对首块 PCB 的焊接效果进行检查。检查焊接是否充分、有无焊锡膏熔化不充分的痕迹、焊点表面是否光滑、焊点形状是否呈半月状、锡球和残留物的情况、连焊和虚焊的情况，还要检查 PCB 表面的颜色变化情况（再流焊后允许 PCB 有少许均匀的变色），并根据检查结果调整温度曲线。在整批生产过程中要定时检查焊接质量。

（2）再流焊缺陷分析：

① 桥连。桥连又被称为桥接，指元器件端头之间、元器件相邻的焊点之间，以及焊点与邻近的导线、过孔等电气上不该连接的部位被焊锡连接在一起。桥连经常出现在窄间距元器件引脚间或间距较小的贴片组件间。桥连的产生会严重影响产品的性能。导致桥连缺陷的原因有：焊锡膏的黏度较低，印制后容易坍塌，焊锡膏过量；在焊盘上多次印刷；加热速度过快。

解决办法：增加焊锡膏的金属含量或黏度；减小模板的孔径，降低刮刀压力；用其他印刷方法；调整再流焊温度曲线。

② 立碑。立碑是指两个焊端的表面组装元器件，经过再流焊后其中一个端头离开焊盘表面，整个元器件呈斜立或直立，如石碑状，又被称为吊桥、曼哈顿现象。导致立碑缺陷的原因有：焊锡膏中的焊剂使元器件浮起；印刷焊锡膏的厚度不够；印刷的位置发生位移；预热不充分；焊盘尺寸设计不合理；组件质量较小，焊接性差。

解决办法：采用助焊剂含量少的焊锡膏；增加印刷厚度；调整印刷参数；调整再流焊温度曲线；规范焊盘设计；选用焊接性良好的焊锡膏。

③ 锡珠。锡珠指散布在焊点附近的微小珠状钎料。锡珠是再流焊中经常碰到的焊接缺陷，容易造成产品出厂后存在短路的可能，因而必须去除。国际上对锡珠存在的认可标准是：印制电路组件在 $600mm^2$ 范围内，锡珠不能超过 5 个。导致锡珠缺陷的原因有：加热温度过快；焊锡膏中含有水分；助焊剂未能发挥作用，焊锡膏被氧化；模板孔径过大，焊锡膏过多；贴片时放置压力过大；PCB 清洗不干净，使焊锡膏残留于 PCB 表面及通孔中。

解决办法：调整再流焊温度曲线；降低环境温度；采用新的焊锡膏，缩短预热时间；减小孔径，降低刮刀压力；减小贴片压力；置换 PCB 或增加焊锡膏的活性。

④ 元器件发生位移。元器件发生位移的原因有：贴放位置不对；焊锡膏量不够；定位安放的压力不够；焊锡膏中助焊剂含量太高。

解决办法：校正定位坐标；加大焊锡膏量，增加安放元器件的压力；减少焊锡膏中助焊剂的含量。

⑤ 润湿不良。润湿不良又被称为不润湿或半润湿，是指在焊接过程中钎料和电路基板的焊盘或表面组装器件的外部电极，经浸润后不生成金属间的反应层，而造成漏焊或少焊的故障。

原因大多是焊区表面受到污染或沾上阻焊剂，或是被接合物表面生成金属化合物层。例如，银的表面有硫化物，锡的表面有氧化物，都会产生润湿不良。另外，钎料中残留的铝、锌、镉等的含量超过 0.005% 时，助焊剂的吸湿作用使钎料的活化程度降低，也可能发生润湿不良。

解决办法：将元器件存放在符合温度要求的环境中，不要超过规定的使用日期，对 PCB

进行清洗和去潮处理;选择满足要求的焊料和助焊剂。

⑥ 裂纹。焊接 PCB 在刚脱离焊区时,由于钎料和被接合件的热膨胀差异,在急冷或急热作用下,受凝固应力或收缩应力的影响,表面组装器件基体产生微裂;焊接后的 PCB,在冲切、运输过程中,也必须减少对表面组装器件的冲击应力、弯曲应力;峰值温度过高,焊点突然冷却,急冷造成热应力过大;再流焊的预热温度或时间不够,突然进入高温区,急热造成热应力过大。

解决办法:调整温度曲线和冷却速度;提高预热温度或延长预热时间。

⑦ 气孔。分布在焊点表面或内部的气孔、针孔或称空洞,一般由以下原因引起:峰值温度不够;再流时间不够;焊锡膏中金属粉末的含氧量高,或回收焊锡膏工艺环境卫生差、混入杂质;元器件焊端、引脚、印制电路基板的焊盘被氧化或污染,或 PCB 受潮;升温阶段温度过高,造成没挥发的助焊剂被夹杂在锡点内。

解决办法:控制焊锡膏的质量;元器件和 PCB 不要存放在潮湿环境中,不要超过规定的使用日期;控制升温阶段的升温速度和峰值温度。

2.1.5 无铅焊接技术

铅是一种有害物质,其熔点为 327.5℃,加热至 400~500℃时即有大量铅蒸气逸出,并在空气中迅速氧化成氧化亚铅而凝集为烟尘并四处逸散。通过呼吸道和消化道入侵人体可造成铅中毒,对人体健康构成危害。铅及其化合物是 17 种严重危害人类寿命和自然环境的化学物质之一。通常的职业性铅中毒都是慢性中毒,其对人体的神经系统、消化系统和血液系统都将造成干扰和伤害,其临床症状表现为头昏头痛、乏力、恶心、烦躁、食欲不振、腹部胀痛、贫血、精神障碍等。

为此,从 20 世纪 90 年代中叶起,各国陆续制定相应的法律来控制铅等有毒物质的使用,欧盟于 2003 年 2 月发布了两条指令:关于废弃电子电机设备回收指令(Waste Electronics and Electrical Equipment,WEEE)和关于在电子电气产品中限制使用危害物质禁用指令(Restrict of Hazardous Substance,RoHS),此两项指令简称"双指令",并要求 2006 年 7 月 1 日欧洲强制进入无铅化电子时代。

日本电子工业发展协会、日本工业规格协会等都制定了各种相关的无铅规格要求,此外,日本的相关知名厂商,如 SONY、NEC、HITACHI、Panasonic、TOSHIBA 等,也都已经制定出禁铅的相关条文。从 2003 年到 2005 年,日本制造商全面实现电子整机和相关组装件中的无铅化工作;2010 年,只允许极个别的产品使用有铅工艺;2015 年,完全禁止铅的使用。

我国的无铅化进程起步较晚,2006 年信息产业部(2008 年改为工业和信息化部)发布了《电子信息产品污染控制管理办法》,并于 2007 年施行,要求对电子信息产品中 6 种有害物质(铅、汞、镉、六价铬、多溴联苯、多溴二苯醚)进行标识和目录管理。2009 年国务院发布了《废弃电器电子产品回收处理管理条例》,并于 2011 年起施行,为我国建立资源节约和环境友好型废弃电器电子产品回收处理行业提供了法律依据。2016 年工业和信息化部联合其他 7 部门发布了《电器电子产品有害物质限制使用管理办法》(简称《管理办法》),该《管理办法》于当年生效,取代了《电子信息产品污染控制管理办法》,该《管理办法》扩大了适

用的产品范围和限制使用的有害物质范围,改进了适用于产品有害物质的管理方式并对 6 种有害物质设定浓度限值。2018 年,国家标准《无铅钎料》(GB/T 20422—2018)正式实施。我国无铅化进程的发展虽然和日本、欧美等发达国家相比还有一定的差距,但是随着国家一系列无铅化标准的实施,加上企业的积极配合,我国的无铅化进程正在朝着积极健康的方向发展。

目前国际上对无铅的标准尚无明确统一的定义,国际标准化组织(International Organization for Standardization,ISO)提案:电子装联用钎料中铅的质量分数应低于 0.1%,不过在无铅钎料中通常会根据不同的产品要求,在锡料中掺和一些铜和银等其他金属物质来增强锡丝的活性焊点的电气连接性能。

1. 无铅钎料

目前国际公认的无铅钎料的定义为:以锡元素作为钎料合金的主要化学成分,铅含量不大于 0.07%(质量分数)的软钎料的总称。

1)无铅钎料的技术要求

无铅钎料也应该具备与 Sn-Pb 合金大体相同的特征,具体目标如下:

(1)替代合金应是无毒性的。

(2)熔点应同锡铅体系钎料的熔点(183℃)接近,要能在现有的加工设备上和现有的工艺条件下操作。

(3)供应材料必须在世界范围内容易得到,数量上满足全球的需求。某些金属(如铟和铋)数量比较稀少,只够用作无铅焊锡合金的添加成分。

(4)替代合金还应该是可循环再生的。

(5)机械强度和耐热疲劳性要与锡铅合金大体相同。

(6)钎料的保存稳定性要好。

(7)替代合金必须能够具有电子工业使用的所有形式,包括返工与修理用的锡线、焊锡膏用的粉末、波峰焊用的锡条及预成形。

(8)合金相图应具有较窄的固液两相区,能确保有良好的润湿性和安装后的机械可靠性。

(9)焊接后对各种焊接点的检修容易。

(10)导电性好,导热性好。

2)无铅钎料的发展状况

目前广泛采用的替代 Sn/Pb 钎料的无毒合金,是以 Sn 为主,添加 Ag、Zn、Cu、Sb、Bi、In 等金属元素,组成的三元合金和多元合金。这些金属材料可在和锡组成合金时降低钎料的熔点,使其得到理想的物理特性。

(1)锡锌系(Sn-Zn)钎料。锡锌系钎料的熔点仅有 199℃,是无铅钎料中唯一与锡铅系钎料的共晶熔点相接近的,具有力学性能好、蠕变特性良好、变形速度慢等优点,但 Zn 极易被氧化,润湿性和稳定性差,具有腐蚀性。

(2)锡铜系(Sn-Cu)钎料。锡铜系钎料在焊点亮度、焊点成形和焊盘浸润等方面与锡铅焊接后没有区别。锡铜系钎料的构成简单,供给性好且成本低,因此被大量用于波峰焊、

项目 2 装 接 工 艺

浸焊中。

(3) 锡银系（Sn-Ag）钎料。锡银系钎料作为锡铅钎料的替代品已经在电子工业中使用多年，具有优良的力学性能、抗拉强度和蠕变特性。在再流焊时无须氮气保护，其浸润性和扩展性与锡铅钎料相近，并且锡银系钎料的助焊剂残留物外观比锡铅钎料的要好，其电导率、热导率和表面张力等方面与锡铅合金相当。

(4) 锡银铜（Sn-Ag-Cu）钎料。锡银铜钎料目前是锡铅钎料的最佳替代品，它有着良好的物理特性。锡银铜钎料（Sn96.5Ag3Cu0.5）的最低熔化温度为216～217℃，比锡银系钎料（Sn96.5Ag3.5）低大约4℃，而且其在强度和疲劳寿命上表现更好。与锡铜系钎料（Sn99.3Cu0.7）相比，具有较好的强度和抗疲劳特性，但是塑性没有 Sn99.3Cu0.7 高。

2．无铅 PCB

WEEE 和 RoHS 两项指令，除对电气电子产品涉及的电子装联技术产生影响外，对 PCB 技术也产生了一定的影响，主要体现在以下方面。

1) PCB 的涂覆层不含铅

产品的无铅化不仅要求钎料无铅，在 PCB 的表面涂覆层中也不应含铅，同时要求表面平整、有良好的焊接性，能与钎料形成可靠的焊点，并且能经受焊接的高温而不被氧化，必要时需要经受反复焊接后仍能保持焊接性。

2) 基材不含 PBB 和 PBDE 等阻燃剂材料

PBB 和 PBDE 是含卤素类的阻燃剂，添加到绝缘材料中可以提高产品的耐燃烧性，在许多耐燃烧性绝缘材料和 PCB 的基材中都含有此类卤素的阻燃剂。当处理废弃产品中的 PCB 时，如果将其埋入土中，则会污染地下水；如果将其燃烧，则会产生有毒的二噁英类气体污染大气，所以应当开发和采用绿色无毒或低毒性的基材。

3) 耐高温、热稳定性好的 PCB 基材

无铅焊接中采用的钎料，其熔点都高于锡铅钎料，目前比较成熟，使用最广的钎料是锡银铜合金系列，其熔点为217℃左右，相应的 PCB 焊接温度也要比有铅钎料的焊接温度高出30℃多，这么高的焊接温度对 PCB 的基材和镀层提出了更高的要求，所以基材必须有较好的耐热性、热稳定性和尺寸稳定性，在焊接时才不会产生气泡、变形、分层、变色或金属化孔壁断裂。

4) PCB 设计和制造适应于装联的无铅焊接

无铅焊接的 PCB 在设计时要认真考虑 PCB 的热设计，选择合适的基材和镀层。另外，在 PCB 制造工艺和过程中的质量控制等方面，需要采取有力的技术措施才能满足无铅焊接的要求。

3．无铅波峰焊及工艺

1) 无铅波峰焊的设备要求

(1) 设备材料及结构必须具有良好的耐热性，在高温下不变形。

（2）因助焊剂使用量增大，必须配备良好的抽风系统。

（3）喷雾系统必须与环保型助焊剂兼容。

（4）预热部分要加长，较长的预热区能减少热冲击，并使助焊剂达到最佳活性。

（5）锡缸及喷嘴的材料要耐腐蚀，一般需要使用特殊材料制作的锡缸，因高 Sn 含量的无铅钎料对不锈钢具有很强的腐蚀性。

（6）配备热风循环系统。环保型助焊剂是水基的，热风更有利于水分的蒸发。

（7）冷却系统一般要求使用快速冷却技术。自然冷却时，因焊点内外的冷却速率及 PCB 和焊点冷却速率不一样，容易造成焊点裂锡。

2）无铅波峰焊的工艺要求

无铅波峰焊的工艺要求对于焊点的形成有着重要的影响，形成一个可靠的焊点必须要有足够长的浸锡时间，无铅焊接需要 1.2s。输送速度、预热效果与后波峰后流量的配合、浸锡的时间、PCB 与波峰接触长度等都对浸锡时间产生影响，同时，浸锡深度、松香涂布量及均匀度等也直接影响 PCB 的焊接效果。PCB 底、板面的温度参数影响预热温度、助焊剂的溶剂挥发、激活助焊剂活性成分、减少板变形、减少过锡时的温度差。温度差也就是通常讲的热冲击，定义为过波峰时的最高温度和预热最高温的差，其大小影响元器件的可靠性，一般元器件能承受的值为 120～150℃，最高预热升温速率通常不大于 3℃/s。

4．无铅再流焊及工艺

无铅钎料的高熔点和低润湿性导致工艺窗口变小，质量控制难度相应加大。无铅钎料（SnAgCu）的熔点大约是 220℃，而有些元器件的最高温度不可以持续地高于 220℃，为了适应这些限制，无铅再流焊的加热温度最好接近于原来的再流焊条件，峰值温度应该维持在 230～245℃，变化的幅度只有 15℃，与锡铅焊接的 35℃相比，下降了大约 60%。如果热容量大、体积大的元器件与体积小、易受温度影响的元器件一起使用，那么工艺窗口就会进一步缩小，这要求整个电路板上的温度要更加一致，尤其对于一些复杂的电路板，设定恰当的再流温度曲线比较困难。

温度曲线的设定除参考焊锡膏推荐商的温度曲线参数外，还要考虑电子组件的耐热性问题及实际焊接质量问题，无铅焊接优选帐篷形曲线形状的温度曲线，其特点如下：

（1）减少 PCB 上最冷与最热组件之间的温差，提高温度的均匀性。

（2）合理升温速度控制在 0.5～2℃/s，过大会导致合金粉末向外飞溅，过低则焊剂由扩散取代快速蒸发而产生爆破，避免产生锡球，但会导致熔化铅的热输入增加，在强制热风对流加热方式中合金粉末氧化严重，导致润湿不良。

（3）热塌陷与热扰动效应为焊锡膏的本质特性，它们为温度的函数，导致黏度下降。采用帐篷形温度曲线将降低升温斜率，有利于溶剂更多蒸发而抵消分子热振动带来的影响。

对于无铅焊锡膏，组件之间的温度差别必须尽可能小，虽然组件之间的温度差别是不可避免的，但可以通过以下方法来减少。

方法 1：延长加热时间。延长加热时间可大大减少在形成峰值再流温度之前组件之间的温度差，大多数再流焊采用这个方法。

项目 2 装 接 工 艺

方法 2：提高预热温度。传统的预热温度一般在 140～160℃，而无铅焊锡必须提高到 170～190℃。提高预热温度可减少所要求的形成峰值温度，反过来减少组件之间的温度差别。

方法 3：梯形温度曲线（延长的峰值温度）。延长小热容量组件的峰值温度时间，将允许组件与大热容量的组件达到所要求的再流温度，避免较小组件的过热。

5．典型无铅焊接缺陷

1）空洞

空洞即气孔，一方面由于无铅钎料中 Sn 的含量比传统钎料中要高得多，另一方面由于 Sn 和其他金属（如 Cu、Ag 等）在其金属界面金属原子发生移动而形成气孔现象，它会随着无铅合金表面张力的提高而显得更严重。

2）锡须

锡须没有固定的形状，针形的形状一般可长数十微米或更长，也没有明确的生长时间。

产生原因：大体积元器件在预热段吸热不足；助焊剂不足；后流量不足；Sn 中的碳和有机物含量超过焊接工艺要求标准。

解决办法：调整预热温度或加装顶部预热器；调整喷雾流量；调节后挡板高度；在 Sn 中加入其他金属（如 Ag、Bi、Ni、Cu），在 Sn 的镀层和基材间加上另外一层不同的金属，改变其 IMC（Intermetallic Compound，介面合金共化物）界面的金属迁移特性。

3）裂锡

这类缺陷多出现在波峰焊接工艺中，焊点和焊盘之间因出现断层而剥离。

产生原因：无铅合金的温度膨胀系数和基板之间出现很大的差别，导致焊点固化时在剥离部分有太大的应力而使它们分开；焊点冷却早于 PCB，即电路板收缩离开焊点，而焊点边缘有少许钎料依然是黏滞的；一些钎料合金的非共晶性；钎料中混入 Pb 或 Bi 而使问题加剧。

解决办法：选择适当的钎料合金；控制冷却温度；通过设计来减小应力幅度，即将通孔的铜环面积减小。

4）片式组件间的锡珠

锡珠一般受网板设计的影响，产生原因主要包括焊盘设计、阻焊膜形态、贴装压力、电极形状和金属化、焊盘最终处理、再流曲线和焊锡膏印刷图形的尺寸形状。

5）立碑

立碑是一个在无铅技术中比有铅技术中严重的问题，这是因为无铅合金的表面张力较强，其解决的原理和有铅技术一样，通过 DFM（Design for Manufacturability，可制造性设计）控制器件焊端和焊盘尺寸及两端热容量最为有效，其次可通过工艺调整降低器件两端的温度。

电子产品生产工艺与品质管理

任务实施

工作任务单

班级：_____ 姓名：_____ 学号：_____ _____年____月____日

项目 2		装接工艺	任务 2.1	焊接工艺
教学场所		SMT 实训室	工时/h	4
实施条件		提供以下工具和材料： 1. 电子产品原理图； 2. 贴片收音机元器件、PCB 和相关套件； 3. SMT 设备、SMT 生产物料（焊锡膏等）； 4. 电烙铁、焊锡丝及其他必要的手工焊接工具		
工作任务		1. 根据产品要求，完成贴片收音机的焊接。 2. 检测焊接质量，并进行手工返修		
完成工作任务具体操作步骤				
评分	考核内容	评分标准	配分	得分
	贴片收音机焊接	1. 元器件检测错误，每个扣 5 分； 2. 焊锡膏印刷有缺陷，每个扣 5 分； 3. 贴片质量问题（错贴、漏贴等），每个扣 5 分； 4. 焊接有缺陷，每个扣 10 分； 5. 违反安全生产和仪器操作规范，扣 10～50 分	80	
	学习态度、协作精神和职业道德	1. 学习态度是否端正； 2. 是否具有协作精神和职业道德	20	
		总分		

任务 2.2 电子产品总装

任务提出

电子产品的总装就是根据装配图要求,将焊接好的 PCB 及其外壳配件组装成完整的电子产品。

本任务要求学习者完成以下工作:

能够按电子产品的装配要求,完成电路板及其外壳配件的组装。

学习导航

任务 2.2 电子产品总装	
知识目标	1. 掌握整机装配的工艺流程; 2. 掌握不同部件的装配工艺要求
能力目标	能正确选用工具,完成 PCB 的装接和整机装配的任务
职业素养	1. 培养严谨、细致的工作作风; 2. 培养安全、规范的操作习惯; 3. 保持有序、整洁的工作环境; 4. 培养吃苦耐劳的工作精神; 5. 培养对新知识和新技能的学习能力; 6. 培养良好的职业道德和敬业精神; 7. 具有一定的计划组织能力和团队协作能力

相关知识

2.2.1 电子产品总装工艺

整机装配就是将机柜、设备、组件及零、部件按预定的设计要求装配在机箱、车厢、平台中,再用导线将它们之间进行电气连接,它是电子产品生产中一个重要的工艺过程。

1. 整机装配的顺序和基本要求

1)整机装配的基本顺序与原则

电子设备的整机装配有多道工序,这些工序的完成顺序是否合理,直接影响设备的装配质量、生产效率和操作者的劳动强度。

整机结构如图 2.37 所示。整机装配按组装级别可分为元件级、插件级、插箱板级和箱、柜级,装配顺序如图 2.38 所示。

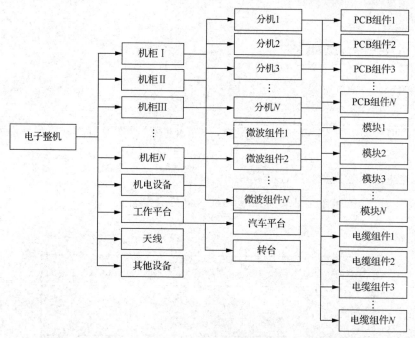

图 2.37 整机结构

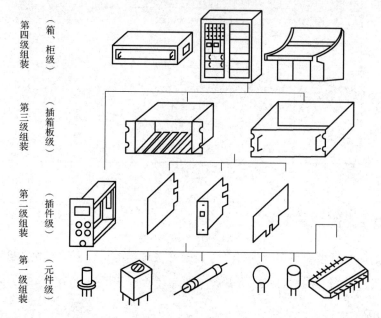

图 2.38 整机装配顺序

元件级：最低的组装级别，其特点是结构不可分割。

插件级：用于组装和互连电子元器件。

插箱板级：用于安装和互连插件或 PCB 部件。

箱、柜级：主要通过电缆及连接器互连插件和插箱，并通过电源电缆送电构成独立的有一定功能的电子仪器、设备和系统。

整机装配的一般原则是：先轻后重，先小后大，先铆后装，先装后焊，先里后外，先下后上，先平后高，易碎易损坏后装，上道工序不得影响下道工序。

项目2 装接工艺

2）整机装配的基本要求

电子设备的整机装配是把半成品装配成合格产品的过程。整机装配的基本要求如下：

(1) 整机装配前，对组成整机的有关零部件或组件必须经过调试、检验，不合格的零部件或组件不允许投入生产线。检验合格的装配件必须保持清洁。

(2) 装配时要根据整机的结构情况，应用合理的安装工艺，用经济、高效、先进的装配技术，使产品达到预期的效果，满足产品在功能、技术指标和经济指标等方面的要求。

(3) 严格遵循整机装配的顺序要求，注意前后工序的衔接。

(4) 在装配过程中，不得损伤元器件和零部件，避免碰伤机壳、元器件和零部件的表面涂覆层，不得破坏整机的绝缘性。保证安装件的位置、方向、极性的正确，保证产品的电性能稳定，并有足够的机械强度和稳定度。

(5) 小型机大批量生产的产品，其整机装配在流水线上按工位进行。每个工位除按工艺要求操作外，要求工位的操作人员熟悉安装要求和熟练掌握安装技术，保证产品的安装质量，严格执行自检、互检与专职调试检查的"三检"原则。装配过程中每一个阶段的工作完成后都应进行检查，分段把好质量关，从而提高产品的一次通过率。

2. 整机装配的工艺流程

一般整机装配工艺的具体操作流程如图 2.39 所示。由于产品的复杂程度、设备条件、生产场地条件、生产批量、技术力量及操作工人技术水平等情况的不同，生产的组织形式和工序也并不是一成不变的，要根据实际情况进行适当调整。例如，小批量生产可按工艺流程的主要工序进行；在大批量生产中，其装配工艺流程中的 PCB 装配、机座装配及线束加工等几道工序，可并列进行。在实际操作中，要根据生产人数、装配人员的技术水平等条件来编制最有利于现场指导的工序。

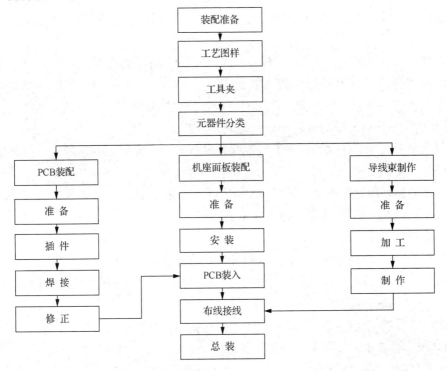

图 2.39 整机装配工艺的具体操作流程

3．整机装配中的接线工艺

1）接线工艺要求

导线的作用是用于电路中的信号和电能传输，接线是否合理对整机性能影响较大。如果接线不符合工艺要求，轻则影响电路信号的传输质量，重则使整机无法正常工作，甚至会发生整机毁坏。在整机装配时，接线应满足以下要求：

（1）接线要整齐、美观，在电气性能许可的条件下减小布线面积。例如，低频、低增益的同向接线尽量平行靠拢，分散的接线组成整齐的线扎。

（2）接线的放置要可靠、稳固和安全。导线的连接、插头与插座的连接要牢固，连接线要避开锐利的棱角、毛边，避开高温元器件，防止损坏导线绝缘层。传输信号的连接线要用屏蔽线导线，避开高频和漏磁场强度大的元器件，减少外界干扰。电源线和高电压线的连接一定要可靠、不可受力。

（3）接线的固定可以使用金属、塑料的固定卡或搭扣，单根导线不多的线束可用胶粘剂进行固定。

2）接线工艺

（1）配线。配线是根据接线表的要求准备导线的过程。配线时需考虑导线的工作电流、线路的工作电压、信号电平和工作频率等因素。

（2）布线原则。整机内电路之间连接线的布置情况，与整机电性能的优劣有密切关系，因此要注意连接线的走向。布线原则如下：

① 为减小导线间的相互干扰，输入与输出信号线、低电平与高电平的信号线、交流电源线与滤波后的直流馈电线等不同用途、不同电位的导线不要扎在一起，要相隔一定距离，或走线相互垂直交叉。

② 连接线要尽量短，使分布电感和分布电容减至最小，尽量减小或避免产生导线间的相互干扰和寄生耦合。高频、高压的连接线更要注意此问题。

③ 从线扎中引出分支接线到元器件的接点时，线扎应避免在密集的元器件之间强行通过。线扎在机内分布的位置应有利于分线均匀。

④ 与高频无直接连接关系的线扎要远离高频回路，不要紧靠回路线圈，防止造成电路工作不稳定。

⑤ 电路的接地线要妥善处理。接地线应短而粗，接地线按照就近接地原则，避免采用公共地线，防止通过公共地线产生寄生耦合干扰。

（3）布线方法：

① 为保证导线连接牢固、美观，水平导线尽量紧贴底板布设，竖直方向的导线可沿框边四角布设。导线弯曲时保持其自然过渡状态。线束每隔20～30cm，以及在接线的始端、终端、转弯、分叉和抽头等部位要用线扎固定。

② 交流电源线、流过高频电流的导线，应远离印制电路底板，可把导线支撑在塑料支柱上架空布线，以减小元器件之间的耦合干扰。

③ 一般交流电源线采用绞合布线。

项目2 装 接 工 艺

4．整机装配中的机械安装工艺要求

整机装配的机械安装工艺要求在工艺设计文件、工艺规程上都有明确的规定，它是指机械安装操作中应遵循的最基本要求。其基本要求如下：

（1）严格按照设计文件和工艺规程操作，保证实物与装配图一致。

（2）交给该工序的所有材料和零部件，均应经检验合格后再进行安装。安装前应检查其外观、表面有无伤痕，涂覆层有无损坏。

（3）安装时，机械安装件的安装位置要正，方向要对。

（4）安装中的机械活动部分，如控制器、开关等，必须保证其动作平滑自如，不能有阻滞现象。

（5）当安装处是金属面时，应采用钢垫圈，以减小连接件表面的压强。仅用单一螺母固定的部件，应加装止动垫圈或内齿垫圈防止松动。

（6）用紧固件安装接地焊片时，要去掉安装位置上的涂漆层和氧化层，以保证接触良好。

（7）在安装过程中，机械零部件不允许产生裂纹、凹陷、压伤和可能影响产品性能的其他损伤。

（8）工作于高频率、大功率状态的器件，用紧固件安装时，不允许有尖端毛刺，以防尖端放电。

（9）安装时勿将异物掉入机内，安装过程中应随时注意清理紧固件、焊锡渣、导线头，以及元器件、工具等异物。

（10）在整个安装过程中，应注意整机面板、机壳或后盖的外观保护，防止出现划伤、破裂等现象。

5．整机装配中的面板、机壳装配

面板是用于安装电子产品的操纵和控制元器件、显示器件的部件，又是重要的外观装饰部件。而机壳构成了产品的骨架主体，也决定了产品的外观造型，同时起着保护所安装的其他部件的作用。目前，电子产品的面板、机壳已向全塑型发展。

1）面板、机壳的装配要求

（1）凡是面板、机壳接触的工作台面，均应放置塑料泡沫或橡胶垫，以防止装配过程中划伤其表面。搬运面板、机壳时，要轻拿轻放，不能碰压。

（2）为了保证面板、机壳表面的整洁，不能任意撕下其表面的保护膜，保护膜也可以防止在装配过程中产生擦痕。

（3）面板、机壳间插入、嵌装处应完全吻合与密封。

（4）面板上各零部件（操纵和控制元器件、显示器件、接插件等）应紧固无松动，而其可动部分（控制盒盖、调谐钮等）的操作应灵活、可靠。

2）面板、机壳的装配工艺

（1）面板、机壳内部预留有各种台阶及成形孔，用来安装PCB、扬声器、显像管、变压器等其他部件。装配时应执行先里后外、先小后大的程序。

（2）面板、机壳上使用自攻螺钉时，螺钉尺寸要合适，防止面板、机壳被穿透或开裂。手动或机动旋具应与工件垂直，扭力矩大小适中。

（3）应按要求将商标、装饰件等贴在指定位置，并使之端正、牢固。

（4）机框、机壳合拢时，除卡扣嵌装外，用自动螺钉紧固时，应垂直无偏斜、松动。

2.2.2 常见的其他装配工艺

1. 散热器的装配

电流流过元器件时要产生热量，特别是一些大功率元器件（如变压器、大功率晶体管、大规模和功放型集成电路等）产生的热量很多，这将使整机温度上升。为确保整机的正常运行，必须对这些部件采取一定的散热措施。散热的方法有自然散热和强迫通风散热两种。自然散热是指利用发热件或整机与周围环境之间的热传导、对流及辐射进行散热，如大功率晶体管加装散热器等。强迫通风散热是利用风机进行鼓风或抽风，以提高整机内空气流动的速度，达到散热的目的，如图 2.40 所示的在计算机中的 CPU 上安装高速风扇。下面以晶体管散热器为例对装配工艺进行介绍。

图 2.40　在 CPU 上安装的高速风扇

1）常见的晶体管散热器

常见的晶体管散热器如图 2.41 所示，它一般是使用热导率较高的铜、铝及合金按照一定的形状加工而成的。现在，铝型材散热器已标准化，使用时可参阅有关手册。

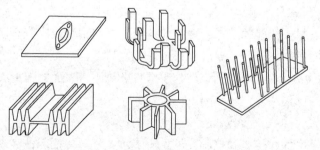

图 2.41　常见的晶体管散热器

2）散热器的装配要求

（1）晶体管与散热器之间的紧固件要拧紧，且保证螺钉扭力一致，使晶体管外壳紧贴散热器。

（2）需在晶体管与散热器之间垫绝缘片时，须采用低热阻材料，如硅脂、薄云母片或聚酯薄膜等。为提高散热效果，尽可能不用在管壳下垫绝缘片的方法，而采取使散热器与机架、PCB 之间绝缘的方法。

（3）安装一只晶体管时，其安装孔应设在散热器基面的中心；安装 2 只或 3 只以上晶体管时，其安装孔的位置应设定在基面中心线的均等位置上。

（4）大批量组装晶体管与散热器时，应使用装配模具。将螺母、散热器、晶体管（或集成电路）、垫片和螺钉依次放入模具内，使用旋具将晶体管（或集成电路）紧固在散热器上，不能松动。

2．紧固件的装配

在整机装配中，用来使零部件、元器件固定、定位的零件被称为紧固零件，简称紧固件。常用的紧固件有螺钉、自攻螺钉、螺柱、螺母、垫圈、螺栓和铆钉等，如图 2.42 所示。

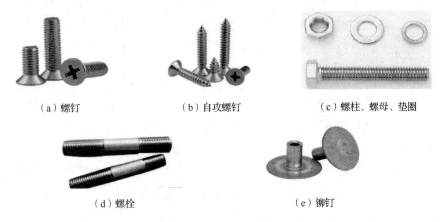

（a）螺钉　　　　　（b）自攻螺钉　　　　　（c）螺柱、螺母、垫圈

（d）螺栓　　　　　（e）铆钉

图 2.42　常用紧固件实物

螺钉通常单独（有时加垫圈）使用，一般起紧固或紧定作用，应拧入机体的内螺纹，俗称螺丝、螺丝钉。通常不需要螺母，直接与两个物体相配合（一般连接件先要钻孔，攻螺纹）。工具一般用螺钉旋具，头部多为一字槽、十字槽、内外六角等。

自攻螺钉不需要机体带内螺纹，自己在旋进去的同时可在材料上钻出螺纹。

螺柱一般与螺母配套使用，通常再加上一个垫圈或两个垫圈。螺柱多用于被连接件之一厚度大要求结构紧凑或因拆卸频繁而不宜采用螺栓连接的地方。

螺栓一般两端都带有螺纹（单头螺栓为单端带螺纹），通常将一头螺纹牢固拧入部件机体中，另一端与螺母相配，起连接和紧固的作用，但在很大程度上还具有定距的作用。

铆钉是用于连接两个带通孔、一端有帽的零件（或构件）的钉形物件。在铆接中，利用自身形变或过盈连接被铆接的零件。铆钉种类很多，而且形式不拘。

1）螺钉的选用

十字槽螺钉外形美观，紧固强度高，有利于采用自动化装配。但面板上尽量少用螺钉，必要时可采用半沉头或沉头螺钉，以保持平面整齐。当要求结构紧凑、连接强度高、外形平

滑时，应尽量采用内六角螺钉或螺栓。当安装部位是易碎零件（如瓷件、胶木件等）或较软材料（如铝件、塑料件等）时，应使用大平垫圈。当连接件中的被拧入件是较软材料（如铝件、塑料件等）或是金属薄板时，可采用自攻螺钉。

2）拧紧方法

装配螺钉组时，应按顺序分步逐渐拧紧，以免发生结构件变形。拧紧长方形工件的螺钉组时，应从中央开始逐渐向两边对称扩展。拧紧方形工件和圆形工件的螺钉组时，应按交叉顺序进行。综上，安装同一紧固零件上成组螺钉的原则：交叉、对称、逐步紧固。

用一个螺钉安装被紧固件时，应调节好连接件的位置，保证紧固后的连接件相对位置符合要求；用2个或2个以上螺钉安装被紧固件时，应先将2个螺钉半紧固，然后摆正连接件位置，再均匀紧固；用4个或4个以上的螺钉安装时，可先按对角线的顺序半紧固，再均匀紧固。

选择的螺钉旋具规格要合适，拧紧时，螺钉旋具应保持垂直于安装孔表面。拧紧或拧松螺母或螺栓时，应尽量选用扳手或套筒，不要用尖嘴钳松紧螺母。拆卸已锈死的螺母、螺栓时，应先用煤油或汽油除锈，并用木槌等进行击打振动，然后进行拆卸。

3）螺接工艺要求

紧固后的螺栓外露的螺纹长度一般不能小于1.5倍螺距。螺钉连接有效长度一般不能小于3倍螺距。沉头螺钉紧固后，其头部应与安装面保持平整。允许稍低于安装面，但不能超过0.2mm。使用弹簧垫圈时，拧紧程度以弹簧垫圈切口压平为准。软、脆材料表面不能直接用弹簧垫圈，且拧紧时拧力要均匀，压力不能过大。弹簧垫圈应装在螺母与平垫圈之间。安装后，对于固定连接的零部件，不能有间隙和松动；对于活动连接的零部件，应能在规定方向和范围内活动。各零部件表面的涂覆层（电镀或喷漆）不允许被破坏。

3．电源的装配

电源是整机的一个重要单元部件，一般的电源具有质量较大、发热量较大等特点。为满足整机要求，电源装配时应注意以下几点：

（1）体积较大、质量较大的元器件（如电源变压器、扼流圈等），应安装在整机的最下部，安装位置可在机壳骨架上。例如，必须安装在PCB上，也应在PCB两端靠近支撑点处。这样有利于控制整机重心，保持整机平稳。

（2）发热较大的元器件（如大功率变压器、整流管和调整管等），应安装在机壳通风孔附近，以便于对流散热。大功率整流管和调整管应使用散热器，并远离其他发热元器件和热敏元件。

（3）某些整机的电源可提供多种不同的电压，安装时，对各电压生成通道应按要求严格调测，各电压的输出线要保持一定距离。

（4）电源变压器会产生50Hz泄漏磁场，对低频放大器有一定影响，会产生交流声。因此，电源部分应与低频放大器隔离，或对电源变压器进行屏蔽。

项目2 装 接 工 艺

任务实施

工作任务单

班级：_____ 姓名：_____ 学号：_____ _____年_____月_____日

项目 2	装接工艺	任务 2.2	电子产品总装
教学场所	电子工艺实训室	工时/h	2
实施条件	提供以下工具和材料： 1. 电子产品装配图； 2. 焊接好元器件的 PCB、外壳配件、导线等； 3. 电烙铁、焊锡丝、镊子、剪刀、斜口钳、剥线钳等		
工作任务	1. 根据产品装配图，选择合适的工具完成贴片收音机的总装； 2. 根据产品要求，完成导线加工		
完成工作任务具体操作步骤			

评分	考核内容	评分标准	配分	得分
	贴片收音机的总装	1. 工具及仪表使用不当，每次扣 5 分； 2. 总装的方法不正确，每次扣 20 分； 3. 损坏套件，每件扣 20～40 分； 4. 违反安全生产操作规程，扣 10～50 分	80	
	学习态度、协作精神和职业道德	1. 学习态度是否端正； 2. 是否具有协作精神和职业道德	20	
		总分		

项目小结

1．焊接是电子产品装配、维修不可缺少的重要环节，焊接质量的好坏直接影响电子产品的质量。了解焊接的相关知识，掌握手工焊接的操作技能。常用的自动焊接技术和无铅焊接技术，是电子技术从业人员必须掌握的基本知识和技能。

2．电子产品的总装是将构成电子整机产品的各零部件、插装件及单元功能整件，按照设计要求进行装配和连接，组成一个具有一定功能的、完整的电子整机产品的过程，为后期的整机调整和调试做准备。

习题 2

1．内热式电烙铁和外热式电烙铁的结构有何区别？
2．使用电烙铁时，要注意什么问题？
3．要形成一个合格焊点，需要满足什么条件？
4．简述表面组装印刷工艺的基本过程。
5．印刷机的基本结构由哪些部分组成？
6．表面印刷工艺的常见问题有哪些？
7．简述波峰焊机的基本结构。
8．简述波峰焊接的工艺流程。
9．波峰焊接工艺的常见问题有哪些？
10．简述再流焊技术的一般工艺流程。
11．再流焊的质量缺陷有哪些？针对其中 4 个缺陷分析其原因并提出解决办法。
12．简述贴片机的基本结构。
13．贴片机的分类有哪些？
14．表面组装技术有哪两类工艺流程？具体流程是什么？
15．电子产品整机装配的基本顺序是什么？
16．一般整机装配的基本操作流程是什么？
17．整机装配中的接线工艺要求有哪些方面？
18．整机装配中的机械安装工艺要求有哪些方面？
19．面板、机壳在装配时要注意哪些问题？
20．散热器的装配要求有哪些？
21．电源装配时应注意哪些问题？

扫一扫看习题 2 答案

项目 3

调试与检验工艺

扫一扫看项目 3
教学课件

学习导入

正确的结果，是从大量错误中得出来的；没有大量错误作台阶，也就登不上最后正确结果的高座。

——钱学森

项目分析

以电子产品为载体，通过调试和检验的工作任务，学习电子产品调试方案的制定、调试平台的搭建、调试工艺流程及整机检验的内容，并完成电子产品的单元调试、整机调试、整机检验的工作任务。通过任务的实施掌握常规仪器的正确操作方法，根据具体调试内容选择正确的仪器仪表完成调试内容；根据产品的设计要求和工艺要求，进行必要的质量检查和验收。

任务 3.1 电子产品调试工艺准备

任务提出

调试工作是按照调试工艺对电子产品进行测试和调整,使之达到技术文件所规定的功能和技术指标。调试既是保证并实现电子产品的功能和质量的重要工序,又是发现电子产品的设计、工艺问题和原材料缺陷的重要环节,而制定合理的电子产品调试工艺方案和搭建科学的调试平台,能够保证调试各个环节合理且快速地进行,达到事半功倍的效果。

本任务要求学习者完成以下工作:

(1) 了解和熟悉电子产品调试方案的基本知识,掌握针对不同调试对象和调试要求的调试方案的制定;

(2) 能根据制定的调试方案合理地选择所需的调试仪器,快速地搭建出科学、安全的调试平台。

学习导航

任务 3.1	电子产品调试工艺准备
知识目标	1. 了解整机方案的内容和制定原则; 2. 掌握调试仪器的选择原则,了解调试人员的技能要求
能力目标	能正确选用工具和仪器设备,完成整机平台的搭建任务
职业素养	1. 培养严谨、细致的工作作风; 2. 保持有序、整洁的工作环境; 3. 培养吃苦耐劳的工作精神; 4. 具有一定的计划组织能力和团队协作能力; 5. 培养解决问题、制订工作计划的能力

相关知识

3.1.1 调试工艺方案的制定

调试工艺方案的制定对于电子产品调试工作能否顺利进行影响很大,它不仅影响调试质量的好坏,还影响调试工作效率的高低。因此,事先制定一套完整、合理的调试工艺方案是非常必要的。

调试工艺方案是指一整套适用于调试某产品的具体内容与项目(如工作特性、测试点、电路参数等)、步骤与方法、测试条件与测试仪表、有关注意事项与安全操作规程。调试工艺方案的优劣直接影响后阶段生产调试的效率和产品的质量,所以制定调试工艺方案时,调试内容要具体、切实、可行,测试条件必须具体、清楚,测试仪器选择要合理,测试数据尽量表格化(以便从数据中寻找规律)。

1. 调试工艺方案的内容

调试工艺方案一般有以下 5 个内容:

(1) 确定调试项目及每个项目的调试步骤、要求。

(2) 合理地安排调试工艺流程。调试工艺流程的安排原则是先外后内,先调试结构部分,后调试电气部分;先调试独立项目,后调试有相互影响的项目;先调试基本指标,后调试对质量影响较大的指标。整个调试过程是循序渐进的。

(3) 合理地安排调试工序之间的衔接。在流水作业式生产中对调试工序之间的衔接要求很高,否则整条生产线会出现混乱甚至瘫痪。为了避免重复或调乱可调元件,要求调试人员除完成本工序的调试任务外,不得调整与本工序无关的部分,调试完后还要做好标记,并且还要协调好各个调试工序的进度。

(4) 选择调试手段。

首先,要建造一个优良的调试环境,尽量减小如电磁场、噪声、湿度、温度等环境因素的影响。

其次,根据每道调试工序的内容和特性要求,配置一套有合适精度的仪器。

最后,熟悉仪器仪表的正确使用方法,根据调试内容选择合适、快捷的调试操作方法。

(5) 编制调试工艺文件。调试工艺文件主要包括调试工艺卡、操作规程、质量分析表。

2. 制定调试工艺方案的基本原则

不同的电子产品其调试工艺方案是不同的,但是制定方案的原则方法具有共同性,即:

(1) 根据产品的规格、等级及产品的主要走向,确定调试的项目及主要的性能指标。

(2) 在理解产品的工作原理及性能指标的基础上,着重了解电路中影响产品性能的关键元器件及部件的作用、参数及允许变动的范围,这样不仅可以保证调试的重点,还可提高调试的工作效率。

(3) 考虑好各个部件本身的调整及互相之间的配合,尤其是各个部分的配合,因为这往往影响整机性能的实现。

(4) 调试样机时,要考虑批量生产时的情况及要求,即要保证产品的性能指标在规定范围内的一致性,否则会影响产品的合格率及可靠性。

(5) 需要考虑现有的设备及条件,使调试方法、步骤合理可行,使操作安全方便。

(6) 尽量采用先进的工艺技术,以提高生产效率及产品质量。

(7) 在调试过程中,不要放过任何不正常现象,及时分析、总结,采取新的措施以改进提高,为新的调试工艺提供宝贵的经验与数据。

调试工艺方案的制定尽量要做到下面几点:第一,调试内容定得越具体越好,可操作性要强;第二,调试条件要写得详细、清楚;第三,调试步骤应有条理性;第四,调试数据尽量表格化,便于观察了解及综合分析;第五,安全操作规程的内容要具体,要求明确。

3.1.2 调试平台的搭建

1. 调试前的准备工作

(1) 技术文件的准备。技术文件是产品调试工作的依据,调试之前应准备好下列文件:产品技术条件和技术说明书、电路原理图、调试工艺文件等。调试人员应仔细阅读调试说明及调试文件,熟悉整机的工作原理、技术条件及有关指标,了解各参数的调试方法和步骤。

(2) 仪器仪表的放置和使用。应按照技术条件的规定,准备好测试所需的各类仪器仪表。调试过程中使用的仪器仪表应经过测量并在有效期之内,但在使用前仍需检查仪器仪表是否符合技术文件规定的要求,尤其是能否满足测试精度的要求。检查合格之后,应掌握这些仪

器仪表的正确使用方法并能熟练地进行操作。调试之前，仪器仪表应被整齐地放置在工作台或专用仪器车上，放置情况应符合调试工作的要求。

（3）被调试产品的准备。产品装配完毕，并经检查符合要求后，方可送交调试。根据产品的不同，有的可直接进行整机调试；有的则需要先进行分机调试，再进行整机总调。调试人员在工作前应检查产品的工序卡，查看是否有工序遗漏等。此外，在通电前，应检查设备各电源输入端有无短路现象。

（4）调试场地的准备。调试场地应按要求布置整洁。调试大型机高压部分时，应在机器周围铺设符合规定的地板或绝缘胶垫，并在工作场地用拉网围好，必要时可加"高压危险"的警告牌，备好放电棒。

调试人员应按安全操作规程做好准备，调试用的图纸、文件、工具、备件等都应放在适当的位置上。调试工作一般在装配车间进行，严格按照调试工艺进行，比较复杂的大型设备，根据设计要求，可在生产厂进行部分调试工作或粗调，然后在安装场地或实验基地按照技术文件的要求进行最后的安装及全面调试工作。

2．调试仪器的选择

在调试工作中，调试质量的好坏，在某种程度上取决于测试仪器的正确选择与使用。为此，在选择仪器时，应掌握以下原则：

（1）测量仪器的工作误差应远小于被调试参数所要求的误差；

（2）仪器的测量范围和灵敏度，应与被测电量的数值范围相等；

（3）调试仪器量程的选择，应满足测量精度的要求；

（4）测试仪器输入阻抗的选择，要求在接入被测电路后，应不改变被测电路的工作状态，或者接入电路后所产生的测量误差在允许范围内；

（5）测试仪器的测量频率范围（或频率响应），应与被测电量的频率范围（或频率响应）相符。

3．调试仪器的配置

常规的电子产品调试需要配置基本的仪器设备：信号源、万用表、示波器、可调稳压电源。根据电子产品的不同，还可以配置扫描仪、频谱分析仪、集中参数测试仪等。

一般通用电子测量仪器，都具有一种或几种功能，要完成某一产品的测试工作，往往就需要多台测量仪器、辅助设备、附件等组成一个测试摊位或测试系统。

一项测试究竟要由哪些型号的仪器及设备组成，这要由测试方案来确定。测试方案定了以后，为了保证仪器的正常工作和一定的精度，在现场布置和接线方面要注意以下几个问题：各种仪器的布置应便于观测和操作；仪器叠放时，应注意安全稳定；仪器的布置要力求接线最短。

4．调试人员的技能要求

（1）懂得被调试产品整机电路的工作原理，了解其性能指标的要求和测试的条件。

（2）熟悉各种仪表的性能指标及其使用环境要求，并能熟练地操作使用。调试人员必须进修过有关仪表、仪器的原理及其使用的课程。

（3）懂得电路多个项目的测量和调试方法并能学会数据处理。

（4）懂得总结调试过程中常见的故障，并能设法排除。

（5）严格遵守安全操作规程。

项目 3　调试与检验工艺

任务实施

工作任务单

班级：_____　　姓名：_____　　学号：_____　　_____年_____月_____日

项目 3	调试与检验工艺	任务 3.1	电子产品调试工艺准备
教学场所	电子工艺实训室	工时/h	2
实施条件	提供以下工具和材料： 1. 电子产品原理图； 2. 装配好的电子产品； 3. 电子产品调试方案； 4. 电烙铁、焊锡丝及其他必要的手工工具； 5. 信号发生器、数字万用表、数字示波器、可调稳压电源、频率计数器、晶体管特性图示仪等			
工作任务	1. 根据制定好的电子产品调试方案选择合适的调试仪器和手工工具，高效地搭建出合理的电子产品调试平台； 2. 用装配好的电子产品对搭建好的电子产品调试平台进行测试和调整，直至电子产品调试平台能够充分满足调试要求			
完成工作任务具体操作步骤				

评分	考核内容	评分标准	配分	得分
	电子产品调试平台的搭建	1. 工具与仪器选择不当，每次扣 10 分； 2. 仪器使用不当，扣 10 分； 3. 搭建的调试平台无法满足调试要求，扣 20 分； 4. 违反安全生产操作规程，扣 10～50 分	80	
	学习态度、协作精神和职业道德	1. 学习态度是否端正； 2. 是否具有协作精神和职业道德	20	
	总分			

111

任务 3.2 电子产品调试

任务提出

只有通过科学的调试,使电子产品的各项指标达到设计要求,电子产品的整机质量才能得到充分的保障。因此,在电子产品的生产过程中,调试是一个非常重要的环节。对复杂的整机电路的各功能电路、单元板或分机进行调试,被称为单元调试。对总装完成后的电子产品整机进行总调,被称为整机调试,整机调试能够保证电子产品整机质量的可靠性。

本任务要求学习者完成以下工作:

(1)熟练使用不同的调试仪器,采用静态和动态两种不同方法对电子产品进行单元测试和调整,使电子产品的各功能单元、单元板或分机的各项功能和性能指标达到设计要求;

(2)熟练掌握整机调试的整个工艺流程,对总装完成后的电子产品整机进行总调。

学习导航

任务 3.2	电子产品调试
知识目标	1. 掌握整机调试的工艺流程; 2. 掌握利用常用仪器设备测量电路参数的方法
能力目标	能正确选用仪器、仪表,完成整机调试的任务
职业素养	1. 培养严谨、细致的工作作风; 2. 培养安全、规范的操作习惯; 3. 保持有序、整洁的工作环境; 4. 培养吃苦耐劳的工作精神; 5. 培养对新知识和新技能的学习能力; 6. 培养良好的职业道德和敬业精神; 7. 培养解决问题、制订工作计划的能力

相关知识

3.2.1 单元调试工艺过程

由于电子产品种类繁多、电路复杂,各种设备单元电路的种类及数量也不同,所以调试程序也有所不同。简单的小型整机(如半导体收音机等),调试工作简单,一般在装配完成之后,可直接进行整机调试。而复杂的整机电路是由分开的多块功能电路板组成的,调试工作较为繁重,通常先对各功能电路、单元板或分机进行调试,达到要求后再进行总装,最后进行整机总调。单元调试一般分为静态调试和动态调试。

1. 静态调试

扫一扫看静态测试微课视频

静态指没有外加输入信号（或输入信号为零）时电路的直流工作状态。测试电路的静态工作情况，通常是指测试电路的静态工作点，也就是测试电路在静态工作时的直流电压和电流。调整电路的静态工作状态，通常是指调整电路的静态工作点，也就是调整电路在静态工作时的直流电压和电流。

1）直流电流的测试

测量电路中的电流，须将原电路断开，然后在断开口将电流表串联到被测电路中。所以，电流的测试过程比较麻烦，有时还可能对被测试的电路造成破坏。所以在实际操作中，常采用简单方便的间接测试法来得到需要测试的电流值。

（1）常用测试仪表：直流电流表、万用表（用其直流电流挡）。

（2）常用测试方法：直接测试法和间接测试法。

① 直接测试法是将电流表或万用表串联在待测电路中，进行电流测试的一种方法，如图 3.1 所示。

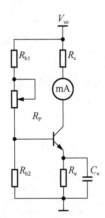

图 3.1　电流的直接测试法

② 间接测试法是采用先测量电压，然后将电压换算成电流的办法来间接测试电流的一种方法，即当被测电流的电路上串有电阻 R 时，在测试精度要求不高的情况下，先测出电阻 R 两端的电压 U，再根据欧姆定律 $I=U/R$ 换算成电流。

间接测试法不需要断开电路，所以操作简单方便，但测试精度不如直接测试法。如图 3.2 所示，要测量集电极电流，可测出集电极电阻 R_c 两端的电压 U_{Rc} 后，再根据 $I_c=U_{Rc}/R_c$ 计算出 I_c 值。在实际工程中，常采用测发射极电阻 R_e 两端的电压 U_E，由 $I_e=U_E/R_e$ 计算出发射极电流 I_e，根据 $I_c \approx I_e$ 的关系得到 I_c 值。这样测试的主要原因是，R_e 比 R_c 小很多，并入电压表后，电压表内阻对电路的影响不大，使得测量精度提高。显然，用同一块电压表测量阻值小的电阻器两端的电压，其精度更高，但是，当电阻太小时，对电阻值的测量可能比较困难，且测量精度很难保证。

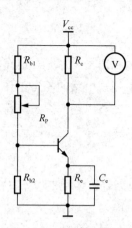

图 3.2 电流的间接测试法

（3）直流电流测试的注意事项：

① 采用直接测试法测试电流时，必须先断开电路，然后将仪表（万用表调到直流电流挡）串入电路；若使用模拟式万用表对直流电流进行测量，还必须注意电流表的极性，应该使电流从电流表的正极流入，负极流出。

② 合理选择电流表的量程（电流表的量程略大于测试电流）。若事先不清楚被测电流的大小，则应先把仪表调到高量程测试，然后根据实际测得的情况将量程调整到合适的位置再精确地测试一次。

③ 根据被测电路的特点和测试精度要求选择适当内阻和精度的测试仪表。

④ 利用间接测试法测试电流时必须注意：被测量的电阻两端并接的其他元器件，可能会使测量产生误差。

2）直流电压的测试

直流电压的测试要比直接电流的测试方便简单，只需要将电压表直接并联到被测试电路的两端即可。

（1）常用测试仪表：直流电压表、万用表（用其直流电压挡）。

（2）测试方法：将电压表或万用表直接并联在待测电压电路的两端点上，如图 3.3 所示。

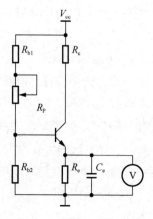

图 3.3 直流电压测试法

（3）直流电压测试的注意事项：

① 若使用模拟式万用表测试电路两端的直流电压，则电压表的量程应略大于所测试的电压，电路中高电位端接表的正极，低电位端接表的负极。

② 根据被测电路的特点和测试精度，选择适当内阻和精度的测试仪表。测试精度要求高时，可选择高精度模拟式或数字式电压表。

③ 使用万用表测量电压时，不得误用其他挡，特别是电流挡和欧姆挡，以免损坏仪表或造成测试错误。

④ 在实际工程中，一般情况下，"某点电压"均指该点对电路公共参考点（地端）的电位。

3）电路静态的调整方法

电路静态的调整是在测试的基础上进行的。调整前，对测试结果进行分析，找出静态调整的方法步骤。

首先，熟悉电路的结构组成（框图）和工作原理（原理图），了解电路的功能、性能指标要求；其次，分析电路的直流通路，熟悉电路中各元器件的作用，特别是电路中的可调元件的作用和对电路参数的影响情况；最后，当发现测试结果有偏差时，要找出纠正偏差最有效、最方便的调整方法，且对电路其他参数影响最小的元器件进行调试。

实例1 晶体管静态工作点的调整。

对各级电路的调整首先是对各级直流工作状态（静态）的调整，测量各级电路的直流工作点是否符合设计要求。检查静态工作点也是分析、判断电路故障的一种常用方法。

调整晶体管的静态工作点就是调整它的偏置电阻（通常调上偏置电阻），使它的集电极电流达到电路设计要求的数值。调整一般从最后一级开始，逐级往前进行，如收音机的调整。收音机框图如图3.4所示。

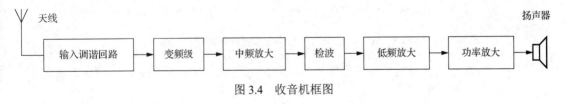

图3.4 收音机框图

调整从最后一级开始，如图3.5所示，该级是由T1、T2、T3组成的OTL功率放大电路。先断开电源供给前级的通路，将直流电流毫安表接电源端，这时电流表指示的是功率放大电路的电流，用电压表（或万用表的电压挡）测A点的电压，即T2、T3发射级对地电压，调节R_{P1}使该点电压为$V_{cc}/2$。这时电流表的读数应为某一固定数值（在该机型所要求4~7mA范围内）。

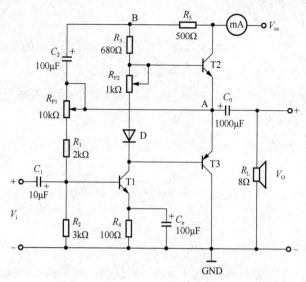

图 3.5　OTL 功率放大电路

前面几级（变频、中频低放）晶体管的基极偏置取于简单的稳压电路 V_{cc}，各级电路类似于图 3.6 所示电路，调整时，断开各级的集电极（或 R_c），将直流表串于断开点，分别调整各级 R_{b1} 阻值，使各级的集电极电流达到要求值。

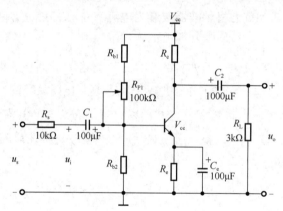

图 3.6　变频、中频、低放类似于晶体管共射放大电路

调整时，静态工作点的调整应在无信号输入时进行，特别是变频级，为避免产生误差，可采取临时短路振荡的措施。例如，将双连中的振荡连短路，或调到无台的位置。

各级调整完毕后，接通各级的集电极电流检测点，即可用电流表检查整机的静态电流。

2．动态调试

动态是指电路的输入端接入适当频率和幅度的信号后，电路各有关点的状态随着输入信号变化而变化的情况。

测试电路的动态工作情况，通常被称为动态测试。在实际工程中，动态测试以测试电路的信号波形和电路的频率特性为主，有时也测试电路相关点的交流电压值、动态范围等。

扫一扫看动态测试微课视频

调整电路的动态特性参数，通常被称为电路的动态调整，也就是调整电路的交流通路元件，如电容、电感，使电路相关点的交流信号的波形、幅度、频率等参数达到要求。由于电路的静态工作点对其他动态特性有较大的影响，所以有时还需要对电路的静态工作点进行微调，以改善电路的动态性能。

1）波形的测试与调整

波形的观测是电子设备调试工作的一项重要内容。电子电路常用于对输入信号进行放大、波形产生或波形处理变换。为了判断电路工作是否正常、是否符合技术指标要求，经常需要观测电路的输入、输出波形并加以分析。通过对波形的观测来判断电路工作是否正常，已成为测试与维修中的主要方法。

（1）波形观测仪器。观察波形使用的仪器是示波器，它是一种特殊的电压表，可以对电压或电流的变化波形进行测量并直观地显示出来。示波器不仅可以用来观察各种波形，而且可以用来测试波形的各项参数，如幅度、周期、频率、相位、脉冲信号的前后沿时间、脉冲宽度、调幅信号的调制度等。通常观测的波形是电压波形，有时为了观察电流波形，可采用电阻变换成电压或使用电流探头。测试波形时，示波器的上限频率应高于被测试波形的频率，对于微秒以下的脉冲波形需选用脉冲示波器测试。

（2）波形测试方法。测试观测信号的波形分为电压波形和电流波形两种：其中，对电压波形进行测试时，把示波器的电压探头直接与被测试电压电路并联，即可在示波器的荧光屏上观测波形，并对电压波形进行分析。而对电流波形的测试有直接测试法和间接测试法两种方法。

方法1：直接测试法。首先将示波器改装为电流表的形式。简单的办法就是并接分流电阻，将探头改装成电流探头。然后断开被测电路，用电流探头将示波器串联到被测电路中，即可观察到电流波形。

方法2：间接测试法。在实际工程中，多采用间接测试法，即在被测回路中串入一个无感小电阻，将电流转换成电压。由于电阻两端的电压与电流符合欧姆定律，是一种线性、同相的关系，所以在示波器上看到的电压波形反映的就是电流变化的规律。

如图3.7所示为使用间接测试法观测电视机场扫描锯齿电流波形的电路连接图。在没有电流探头的情况下，在偏转线圈电路中串联一只0.5Ω的无感电阻器，再用示波器观测0.5Ω无感电阻器两端的电压波形，测出的波形幅度为电压峰峰值，再用欧姆定律计算出电流峰峰值。观测示波器荧光屏上的被测信号波形，根据示波器面板上y（CH）通道灵敏度（衰减）开关的挡位和X轴扫描时间（时基）开关的挡位，可计算出信号的幅度、频率、时间、脉冲宽度等参数。

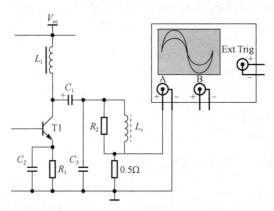

图3.7 使用间接测试法观测电视机场扫描锯齿电流波形的电路连接图

电子产品生产工艺与品质管理

（3）波形测试的注意事项：

① 测试时最好使用衰减探头（高输入阻抗、低输入电容），以减小接入示波器对被测电路的影响，同时注意，探头的地端和被测电路的地端一定要连接好。

② 测量波形幅度、频率或时间时，示波器 y（CH）通道灵敏度（衰减）开关的微调器和 X 轴扫描时间（时基）开关的微调器应预先被校准并置于校准位置，否则测量不准确。

（4）波形的调整。波形的调整是指通过对电路相关参数的调整，使电路相关点的波形符合设计要求的过程。电路的波形调整是在波形测试的基础上进行的，通过观测各级电路的输入端和输出端或某些点的信号波形，来确定各级电路工作是否正常。若电路对信号的处理不符合设计要求，则说明电路某些参数不对或电路出现某些故障，应根据机器和具体情况，逐级或逐点进行调整，使其符合预定的设计要求。在调整过程中，电路的静态和动态参数之间是相互影响的。例如，调整静态参数时会影响动态的波形，调整动态参数时会影响静态工作点，这就需要反复调整，直至达到最佳状态。

调整前，必须对测试结果进行正确的分析。当发现波形有偏差时，要找出纠正偏差最有效又最方便调整的元器件。从理论上来说，各个元器件都有可能造成波形参数的偏差，但在实际工程中，多采用调整反馈深度或耦合电容、旁路电容等来纠正波形的偏差。电路的静态工作点对电路的波形也有一定的影响，故有时还需要微调静态工作点。

2）频率特性的测试与调整

频率特性是指信号的幅度随频率的变化而变化的特性，即电路对不同频率的信号有不同的响应。例如，放大器的增益随频率的变化而变化，使输出信号的幅度（输入信号幅度不变）随频率的变化而变化。所以频率特性又被称为频率响应（简称频响），它是电路重要的动态特征之一。频率特性的测量是整机测试中的一项主要内容，例如，收音机中频放大器频率特性测试的结果反映了收音机选择性的优劣；电视接收机的图像质量好坏，主要取决于高频调谐器及中放通道的频率特性。

（1）频率特性的测试。频率特性的测试实际上就是幅频特性曲线的测试，常用的方法有点频测试法（又被称为插点法）、扫频测试法和方波响应测试法。

① 点频测试法。点频测试法是使用一般的信号源（常用正弦波信号源），向被测电路提供所需的输入电压信号，用电子电压表监测被测电路的输入电压和输出电压。

测试仪表：正弦信号发生器、交流毫伏表或示波器。

测试方法：点频测试法的接线图如图 3.8 所示。测试时，保持输入信号幅度不变（通过电子电压表监控输入电压的大小），按一定的频率间隔将信号源的频率由低到高逐点调节，同时通过电子电压表将每一点的输出电压值记录下来，并在频率-电压坐标上（以频率为横坐标，以电压幅度为纵坐标）逐点标出测量值，最后用一条光滑的曲线连接各测试点。这条曲线就是被测电路的频率特性曲线，如图 3.9 所示。

测量时，频率间隔越小，测试结果越准确。这种方法多用于低频电路的频响测试，如音频放大器、收录机等。

点频测试法的特点：测试设备简单，测试原理简单，准确度高，但测试烦琐，时间长，而且可能因频率间隔不够密而漏掉被测频率中的某些细节。

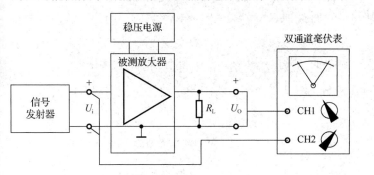

图 3.8　点频测试法接线图

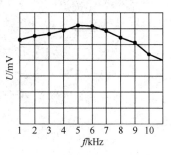

图 3.9　频率特性曲线示意图

② 扫频测试法。扫频测试法是使用专用的频率特性测试仪（又被称为扫频仪），直接测量并显示出被测电路的频率特性曲线的方法。高频电路一般采用扫频测试法进行测试。

测试仪表：扫频仪是将扫频信号源和示波器组合在一起的专用于频率特性测试的仪器。其测量的机理是用扫频信号源取代普通的信号源，即把人工逐点调节频率变为自动逐点扫频，用电子示波器取代电子电压表，使输出电压随频率变化的轨迹自动地呈现在荧光屏上，从而直接得到被测信号的频响曲线。

扫频信号源能向被测电路提供频率由低到高，然后又由高到低，反复循环且自动变化的等幅信号。示波器部分将被测电路输出的信号经仪器调整、处理后由示波器逐点显示出来。由于扫频信号发生器产生的信号频率间隔很小，几乎是连续变化的，所以显示出的曲线也是连续无间隔的。

测试方法：扫频测试法的接线图如图 3.10 所示。测试时，应根据被测电路的频率响应选择一个合适的中心频率，用输出电缆将扫频仪输出电压信号加到被测电路的输入端，用检波探头［若被测电路的输出电压已经检波，则不能再用检波探头，只能用普通输入（开路）探头］将被测电路的输出信号电压送到扫频仪的输入端，在扫频仪的荧光屏上就能显示出被测电路的频率特性曲线。

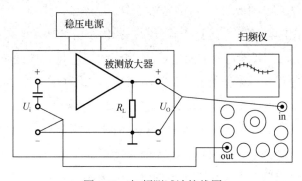

图 3.10　扫频测试法接线图

扫频测试法的特点：因为扫频信号源的输出频率是连续变化的，所以扫频测试法简捷、快速，而且不会漏掉被测频率特性的细节。但是，用扫频测试法测出的动态特性对于点频测试法测出的静态特性来讲是存在误差的，因而测量不够准确。

③ 方波响应测试法。方波响应测试法是用方波信号通过电路后的波形，来观测被测电路的频率响应。方波响应测试法可以更直观地观测被测电路的频率响应，因为方波信号的波形若出现失真很容易被观测到。如果一个放大器被接入一个理想音频方波（如接入 2kHz 方波）后，输出的方波仍是理想的，则说明该放大器的频响范围可达到基波频率的 9 倍（9×2kHz＝18kHz）左右。图 3.11 为方波响应测试接线图，其中的示波器应使用双踪示波器，以便同时观测和比较输入、输出波形。

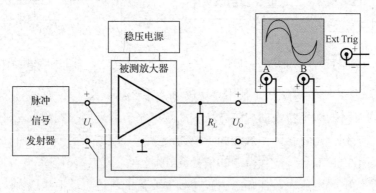

图 3.11　方波响应测试接线图

（2）频率特性的调整。频率特性的调整是通过对电路参数的调整，使其频率特性曲线符合设计要求的过程。频率特性的调整也是在频率特性测试的基础上进行的。只有在测到的频率特性曲线没有达到设计要求的情况下，才需要调整电路的参数，以使频率特性曲线达到要求。

频率特性调整的思路和方法，基本上与波形调整的思路和方法相似，只是频率特性的调整是多频率点，既要保证低频段又要保证高频段，还要保证中频段。也就是说，在规定的频率范围内使各频率的信号幅度都达到要求。而电路的某些参数的改变，既会影响高频段，也会影响低频段，故应先粗调，再反复细调。所以，频率特性调整的过程要复杂一些，考虑的因素要多一些，对调试人员的要求也要高一些。

调整前，必须对观测到的曲线进行正确分析，找出不符合要求的范围特点，结合电路的工作原理、电路结构和设计要求达到的标准曲线，分析原因。根据电路中各元器件的作用（特别是电路中电容器、电感器或中周等交流通路元器件的作用）和对电路的频率特性的影响情况，确定需要调整的元器件的参数和调整的方法。例如，低频段曲线幅度偏低，从理论上说，可能是电路的低频损耗过大或低频增益不够，也可能是反馈电路有问题，也可能是耦合电容器的容量不足等，逐一调整或更换它们，就能纠正偏差。在实际工程中多采用调整反馈深度或耦合电容器、旁路电容器等方法，有时还需要对电路的静态工作点进行微调。

对于谐振电路，多采用扫频测试法调整。测试时一般调整谐振回路的参数，如可调电感或谐振电容，保证电路的谐振频率和有效带宽均符合要求。若调整后仍然达不到要求，则应再进行电路的检查，找出原因，排除故障。

3.2.2 整机调试工艺过程

扫一扫看整机调试工艺过程微课视频

当构成电子产品的部件组装成整机后,因各单元电路之间电气性能的相互影响,常会使一些技术指标偏离规定数值或出现一些故障,所以完成电子产品总装后,一定要进行整机调试,确保整机产品的技术指标完全达到设计要求。整机调试流程如图3.12所示。

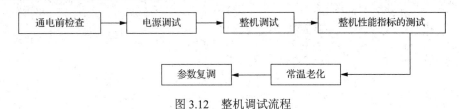

图3.12 整机调试流程

1. 通电前检查

在通电前应先检查底板插件是否正确,是否有虚焊和短路,各仪器连接及工作状态是否正确。只有通过这样的检查才能有效地减小元器件损坏的概率,提高调试效率。首次调试还要检查各仪器能否正常工作,验证其精确度。

2. 电源调试

若电压正常,则接通电源电路,先观察有无异常现象,如冒烟、异味、元器件发烫等;若有异常现象,则应立即关断电路的电源,再次检查电源部分。

电子产品中大多具有电源电路,调试工作首先要进行电源部分的调试,才能顺利进行其他项目的调试。电源调试通常分为以下两个步骤:电源空载和加负载时电源的细调。

电源空载:电源电路的调试通常先在空载状态下进行,目的是避免因电源未经调试而加载,引起部分电子元器件的损坏。调试时,插上电源部分的印制板,测量有无稳定的直流电压输出,其值是否符合设计要求或调节采样电位器并使其达到预定的数值,测量电源各级的直流工作点和电压波形,检查工作状态是否正常,有无自激振荡等。

加负载时电源的细调:在初调正常的情况下,加上额定负载,再测量各项性能指标,观察是否符合设计要求。当达到要求的最佳值时,选定有关调试元件,锁定有关电位器等调整元件,使电源电路具有加载时所需的最佳功能状态。

为了确保电路安全,在加载调试之前,先在等效负载下对电源电路进行调试,以防匆忙接入,负载电路受到冲击。

3. 整机调试

整机调试之前,通常已完成了单元电路的调试,有较多调试内容已在单元调试中完成,整机调试只需测试整机性能技术指标是否与设计指标相符,若不符合再做出适当调整。

4．整机性能指标的测试

经过调试和测试，确定并紧固各调整元件。在对整机的装调质量进行进一步检查后，对产品进行全参数测试，各项参数的测试结果均应符合技术文件规定的各项技术指标。

5．常温老化

大多数的电子产品在测试完成后，需要进行通电老化试验，目的是提高电子设备工作的可靠性。老化试验应按产品技术条件的规定进行。

6．参数复调

经通电老化后，各项技术性能指标会有一定程度的变化，通常还需进行参数复调，使交付使用的产品具有最佳的技术状态。

实例 2 下面以调幅广播接收机的调试为例来说明整机调试的基本流程。在做好调试前的各项准备工作之后，便可开始进行整机调试。调试的内容及方法如下。

（1）各级静态工作点的调整。各级晶体管工作点的调整，就是调整它的偏置电阻（通常是上偏置电阻），使它的集电极电流处于电路设计的要求数值。调整的方法一般是从最后一级开始，逐级往前进行，参见 3.2.1 节中的"1．静态调试"部分。

（2）中频特性的调试。调试内容主要是调整中频放大电路的中频变压器（中周）的磁心，应采用无感调节杆慢慢进行。调试方法有两种：一是用高频信号发生器进行调试；二是用中频图示仪进行调试。前者是一种精确的调试方法，后者是目前被广泛使用的一种调试方法。

（3）频率范围的调试。以中波段调试为例，调试内容是把中波段频率（国家标准规定在 526.5～1606.5kHz）调整在 515～1640kHz 范围并保持一定余量。

（4）统调。调试内容是通过调节双联电容，使振荡回路的频率差值在 465kHz 以上，即达到同步或跟踪。中波段统调点通常取 600kHz、1000kHz、1500kHz 三点。

（5）检验跟踪点。调试内容是用测试棒来鉴别统调是否正确。

实例 3 电子式时间继电器的调试过程。

（1）单元电路调试。时间继电器电路如图 3.13 所示。

① 芯片 IC1 电压参数的调试。

调试前，应已完成了元器件有无装错和焊点质量问题的检查，在检查中没发现任何问题的情况下，进行下面的调试。

a．先将时间继电器专用测试台的工作电压调为 0V，再将时间继电器插入专用测试台。

b．逐步升高工作电压至继电器可靠吸合，用万用表直流电压挡测量片内稳压值（芯片 IC1 的 3 脚），应大于 7.1V。

c．逐步降低工作电压至继电器完全释放，用万用表直流电压挡测量片内稳压值（芯片 IC1 的 3 脚），应大于 6.4V。

d. 若以上有任何一项测试不符合规定值，则应更换芯片 IC1 进行重新调试。

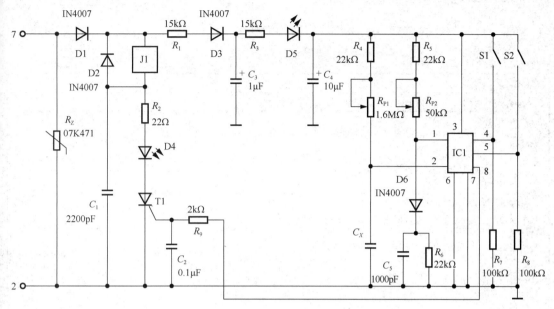

图 3.13　时间继电器电路

② 继电器 J1 电压参数、电流参数的调试。

a. 先将时间继电器专用测试台的工作电压调为 0V，再将时间继电器插入专用测试台。

b. 逐步升高工作电压至继电器可靠吸合，用万用表交流电压挡测量工作电压（J1 两端），应在 125V 和 145V 之间。

c. 逐步降低工作电压至继电器完全释放，用万用表交流电压挡测量工作电压（J1 两端），应在 95V 和 120V 之间。

d. 将工作电压调至 220V，用电流测试仪测试继电器 J1 的额定电流，应小于 9mA。

e. 将工作电压调至 250V，用电流测试仪测试继电器 J1 的额定电流，应小于 11mA。

f. 若以上有任何一项测试不符合规定值，则应更换继电器 J1 进行重新调试。

（2）整机调试。

① 时间继电器的初调。先调节时间继电器专用测试仪的输出电压为额定电压的 80%，将不带外壳的时间继电器插入测试仪；再将继电器的编码开关的倍率设置在×1 挡（S1 和 S2 都为打开状态），继电器的旋钮置于最小延时值（电位器 R_{P1} 为最小值）；然后接通电源，继电器应动作正常，发光二极管 D4、D5 应亮，否则应返修后重新调试。

② 时间继电器的延时调整。先调节时间继电器专用测试仪的输出电压为额定电压，将已初调通过的时间继电器插入测试仪；再将继电器的旋钮置于最大延时值（电位器 R_{P1} 为最大值），调节电位器 R_{P2}，使该延时值在标准延时值的 90%～110%。若无法调到该范围内，则应返修后重新调试。

电子产品生产工艺与品质管理

任务实施

工作任务单

班级：_____ 姓名：_____ 学号：_____ _____年____月____日

项目 3	调试与检验工艺	任务 3.2	电子产品调试
教学场所	电子工艺实训室	工时/h	2
实施条件	提供以下工具和材料： 1. 电子产品原理图； 2. 装配好的电子产品； 3. 电烙铁、焊锡丝及其他必要的手工工具； 4. 万用表、示波器等		
工作任务	1. 通电，测试输出情况； 2. 根据安装和产品功能要求对装配好的电子产品进行调试		
完成工作任务具体操作步骤			

评分	考核内容	评分标准	配分	得分
	电子产品调试	1. 工具与仪器使用不当，每次扣 5 分； 2. 调试方法不正确，扣 20 分； 3. 不能调试出正常结果，扣 30 分； 4. 损坏元器件，每只扣 20 分； 5. 违反安全生产操作规程，扣 10~50 分	80	
	学习态度、协作精神和职业道德	1. 学习态度是否端正； 2. 是否具有协作精神和职业道德	20	
	总分			

项目3　调试与检验工艺

任务 3.3　电子产品检验

任务提出

电子产品调试之后，要根据产品的设计技术要求和工艺要求进行必要的试验（质量检查和验收），然后才能出厂投入使用，这就是检验。

本任务要求学习者完成以下工作：

（1）掌握电子产品检验的基本知识，完成电子产品入库前的全检工作，了解电子产品入库前的整个包装工艺；

（2）完成电子产品出库前的抽检工作并对该批次出库前的产品做出质量水平评定；

（3）掌握电子产品维修的工艺流程。

学习导航

任务 3.3	电子产品检验
知识目标	1. 掌握整机检验的主要内容； 2. 了解性能检验的主要内容； 3. 了解包装的工艺要求； 4. 了解电子产品维修的工艺流程
能力目标	1. 能根据要求完成电子产品的检验内容； 2. 能对电子产品一般故障进行排查和维修
职业素养	1. 培养严谨、细致的工作作风； 2. 培养安全、规范的操作习惯； 3. 保持有序、整洁的工作环境； 4. 培养吃苦耐劳的工作精神； 5. 培养良好的职业道德和敬业精神

相关知识

3.3.1　检验的概念、分类及过程

检验是现代电子企业生产中必不可少的质量监控手段，主要起到对产品生产的过程进行控制、质量把关、判定产品的合格性等作用。产品的检验应执行自检、互检和专职检验相结合的三级检验制度。

1．检验的概念

检验是通过观察和判断，适当结合测量、试验对电子产品进行的符合性评价。整机检验就是按整机技术要求规定的内容进行观察、测量、试验，并将得到的结果与规定的要求进行比较，以确定整机各项指标的合格情况。

2．检验的分类

整机产品的检验过程分为全检和抽检。

（1）全检（又被称为全数检验）。它是指对所有产品100%进行逐个检验。根据检验结果对被检单件产品做出合格与否的判定。全检的主要优点是，能够最大限度地减少产品的不合格率。

（2）抽检（又被称为抽样检验）。它是根据数理统计原则预先制定的抽样方案，从交验批次中抽出部分样品进行检验，根据这部分样品的检验结果，按照抽样方案的判断规则，判定整批产品的质量水平，从而得出该产品是否合格的结论。

抽样方案是按照国家标准《计数抽样检验程序》（GB/T 2828.1—2012，GB/T 2828.2～4.11—2008，GB/T 2828.5—2011，GB/T 2828.10—2010）和《周期检验计数抽样程序及表（适用于对过程稳定性的检验）》（GB/T 2829—2002）制定的。

3．检验的过程

为了保证电子产品的质量，检验工作贯穿整个生产过程。检验一般分为以下3个阶段。

1）原材料入库前的检验

电子产品生产所需的元器件、零部件、外协件等原材料在新购、包装、存放、运输过程中可能会出现变质、损坏或本身就是不合格品，因此这些原材料在入库前应按产品技术条件、协议等进行外观检验和性能检验，合格后才能入库。原材料入库前的检验是电子产品质量可靠性的重要前提，一般采用抽检的检验方式。

2）生产过程中的逐级检验

过程检验是对生产过程中的一道或多道工序，或者对半成品、成品的检验，主要包括焊接检验、单元电路板调试检验、整机组装后系统联调检验等。过程检验一般采取全检的检验方式。

3）整机检验

电子产品的整机检验采取多级、多重复检方式进行。一般入库采取全检方式，出库多采取抽检方式。

3.3.2 整机检验

整机检验是针对整机产品进行的一项检验工作，检查经过总装、总调之后的整机成品是否达到预定的功能要求和技术指标。整机检验应按照产品标准（产品技术条件）规定的内容进行。整机检验主要包括对产品的外观、结构、功能、主要性能指标、安全性、兼容性等方面的检验，还包括对产品进行考验和环境试验。整机检验的主要内容有外观检验和性能检验两大部分。

扫一扫看整机检验微课视频

1．外观检验

外观检验是指用目视检查法对整机的外观、包装、附件等进行检验的过程。

（1）观：要求外观无损伤、无污染、标志清晰；机械装配符合技术要求。

项目3 调试与检验工艺

（2）装：要求包装完好、无损伤、无污染；各标志清晰完好。
（3）件：附件、连接件等齐全、完好且符合要求。

2. 性能检验

性能检验是按产品技术指标和国家或行业有关标准，选择符合标准要求的仪器、设备，采用符合标准要求的测试方法对整机的电气性能、安全性能、力学性能、老化、环境试验及寿命试验等方面进行测试检查，根据测试检查的结果判断产品是合格品还是不合格品。

1）电气性能检验

整机的电气性能检验就是采用符合标准要求的测试方法，对整机的各项电气性能参数进行测试，并将测试的结果与规定的参数进行比较，从而判断被检整机是否合格。

2）安全性能检验

安全性能检验应该采用全检方式。电子整机产品的安全性能检验主要包括：电涌试验、湿热处理、绝缘电阻和绝缘强度等。

电子产品是给用户使用的，因而对电子产品的要求除性能良好、使用方便、造型美观、结构轻巧、便于维修外，安全可靠是最重要的。一般来说，对电子产品的安全性能检验主要有两个方面，即绝缘电阻和绝缘强度。

（1）绝缘电阻的检查。整机的绝缘电阻是指电路的导电部分与整机外壳之间的电阻值。绝缘电阻的大小与外界条件有关：在相对湿度不大于 80%、温度为（25±5）℃的条件下，绝缘电阻应不小于 10MΩ；在相对湿度为 25%±5%、温度为（25±5）℃的条件下，绝缘电阻应不小于 2MΩ。

一般使用绝缘电阻表测量整机的绝缘电阻，不同额定工作电压的整机，选择不同的绝缘电阻表。绝缘电阻表的用途是测试线路或电气设备的绝缘状况，常用的绝缘电阻表有 500V 和 1000V 两种。

（2）绝缘强度的检查。整机的绝缘强度（抗电强度）是指电路的导电部分与外壳之间所能承受的外加电压的大小。一般要求电子设备的耐压应大于电子设备最高工作电压的 2 倍，一般用耐压测试仪进行测试。这种仪器能输入可调的高压，还带有定时和报警装置。当被测处的抗电强度达不到要求时，将会出现漏电或击穿、打火等现象，电压会下跌，同时报警装置报警。

注意：绝缘强度的检查点和外加试验电压的具体数值由电子产品的技术文件提供，应严格按照要求进行检查，避免损坏电子产品或出现危害人身安全事故。

3）力学性能检验

力学性能的检验项目主要包括：面板操作机构及旋钮按键等操作的灵活性、可靠性检验，整机机械结构及零部件的安装紧固性检验。

4）老化

为了保证电子整机产品的生产质量，通常在检验环节中还要进行整机的通电老化。整机通电老化是指在一定环境条件下，先让整机产品连续工作若干小时，然后检测产品的性能是否仍符合要求。通过老化可发现产品在制造过程中存在的潜在缺陷，把故障消灭在出厂之前。老化是企业的常规工序，通常每一件产品在出厂前都要经过老化。

老化分为静态老化和动态老化两类。在老化电子整机产品时，如果只接通电源、没有给产品输入工作信号，那么这种状态被称为静态老化；如果同时还向产品输入工作信号，那么就被称为动态老化。例如，计算机在静态老化时只接通电源，不运行工作程序；在动态老化时要持续运行工作程序。显然，动态老化是更为有效的老化方法。

整机通电老化的技术要求有温度、循环周期、积累时间、测试次数和测试间隔时间等。

（1）温度。整机通电老化通常在常温下进行。有时需要对整机中的单板、组合件进行部分的高温通电老化试验，一般分为3级：（40±2）℃、（55±2）℃、（70±2）℃。

（2）循环周期。一个循环周期由连续通电4h和断电0.5h组成。

（3）累积时间。通电老化时间累积计算，累积时间通常为200h，有时也根据电子整机设备的特殊需要，适当缩短或加长。

（4）测试次数。通电老化期间，要进行全参数或部分参数的测试，老化期间的测试次数应根据产品技术设计要求来确定。

（5）测试间隔时间。测试间隔时间通常设定为8h、12h和24h几种，也可根据需要另定。

在老化时，应该密切注意产品的工作状态，如果发现个别产品出现异常情况，则应立即使其退出通电老化。

5）环境试验

环境试验是考验电子产品在相应环境下正常工作的能力，是评价分析环境对产品性能影响的试验，通常在模拟产品可能遇到的各种自然条件下进行。环境试验的内容包括机械试验、气候试验和特殊试验。机械试验包括振动试验、冲击试验、离心加速度试验等项目。气候试验包括高温试验、低温试验、温度循环试验、潮湿试验和低气压试验等项目。特殊试验是检查产品适应特殊工作环境的能力，包括烟雾试验、防尘试验、抗霉菌试验和抗辐射试验等项目。

6）寿命试验

寿命试验是考查产品寿命规律性的试验，是产品最后阶段的试验。寿命试验是在规定条件下，模拟产品的实际工作状态和存储状态，投入一定样品进行的试验。试验中要记录样品失效的时间，并对这些失效时间进行统计分析，以评估产品的可靠性、失效率、平均寿命等可靠性数量特征。

实例 4 电子式时间继电器（以下简称继电器）的部分检验项目如下：高温运行试验→电压波动试验→延时验证，具体过程参考表 3.1。

表 3.1 继电器部分检验项目

检验项目	试验平台	检测条件
高温运行试验	成品试验台、烘箱	高温运行试验用电压为额定电压，环境温度为 45~50℃，试验次数为 1000 次或 3h，整定值范围为 $85\%T_{min}$~$120\%T_{max}$，继电器应动作正常
电压波动试验	成品试验台	试验电压为 80%、115%的额定电压，各试验 2 次，整定值范围为 $85\%T_{min}$~$120\%T_{max}$，继电器应动作正常
延时验证	成品试验台	试验电压为额定电压，用整定电位器整定到规定值，动作次数为 2 次，倍率开关及延时范围按具体机器的延时要求调整，整定值范围为 $85\%T_{min}$~$120\%T_{max}$，继电器应动作正常

项目3　调试与检验工艺

3.3.3　故障检修的工艺流程

扫一扫看故障维修的工艺流程

故障检修即故障维修，分为故障查找和故障排除。引起电子产品故障的原因有很多，常常使故障分析变得纷繁复杂，对于初学者来说，往往会束手无策。故障检修一般遵循先易后难的原则："先易"即先解决或排除显而易见的、简单的问题，这样效率高、少走弯路；"后难"即先排除一般问题，最后集中精力解决难题。

一般来说，对有故障的电子产品进行检修时，需按照如图3.14所示的检修流程执行。

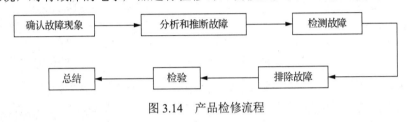

图3.14　产品检修流程

1．确认故障现象

在检修过程中认真查证和确认故障现象是不可忽视的第一步，如果故障查证不准，则会引起判断错误，往往会浪费很多时间。收到故障机之后，不但要看故障的说明，而且要亲自查证一下，并进行一些操作和演示，以排除假象。

2．分析和推断故障

分析和推断故障就是根据故障现象找出导致故障的原因。每种电路的故障或机械零部件的失灵都会有一定的症状，都存在着某种内在的规律。然而，在若干故障实例中发现，不同的故障原因可能表现出相同的故障现象，所以从一种故障现象往往会推断出几种故障的可能原因。一些电子产品（如音像产品等）电路结构的复杂性，更是给分析和推断故障带来了很多困难。

对于电子产品的故障，不是简单地分析和推断就能解决所有问题，因为所表现的症状和故障原因之间并不是简单的关系，有些故障的检测十分复杂，这就要求维修人员通过大量实践不断积累检测经验。

3．检测故障

在一些电子产品的检修过程中，通过分析和推断，可以判断出故障的大体范围，但若要找到故障元器件，如具体是集成电路损坏，还是晶体管、电阻器或电容器等元器件损坏，还需要进行仔细的检测。检测的内容主要是主信号通道上的输入、输出波形，公共通道上的输入、输出电压值等。若检测到有信号失落或衰落、电压输出不稳定或无输出，则基本上就找到了故障的部位或线索。

例如，对控制电路进行检测时，其核心的微处理器一般为大规模的集成电路，对该电路模块的检查一般从其相关引脚的外部元件入手，还要检查信号通道上是否有短路或开路的情

况,测量通道上各点对地的阻抗;如果出现对地短路或阻抗为无穷大(100kΩ 以上)的情况,则说明相关元器件有短路或开路,这必然导致出现无信号的故障。

4.排除故障

通过上述的 3 个步骤便可以找到相应的故障根源,这样就解决了问题的一大半,接下来就要排除故障,调整不良的部件到最佳状态,或者更换损坏的元器件。

在排除故障的过程中,往往涉及调试、拆卸及焊接操作。在该步骤中要求维修人员操作规范,且符合调试及装焊的工艺要求。

5.检验

故障被排除后,一定要对产品的功能和性能进行全部检验,通常的做法是,故障被排除后应进行重新调试和检验,调试和检验的项目和要求与新装配出的产品相同,不能认为有些项目检修前已经调试和检验过了,就不再重调和再检。对已修复的整机,调试完毕后,应该进行较长时间的通电观察,观察其能否稳定地工作,并对整机的各项性能进行全面检验,检查是否符合产品规定的要求,故障是否彻底被排除。

6.总结

故障检修结束后应及时进行总结,对检修资料进行整理归档,对贵重仪器设备要填写档案。这样做可以积累经验,提高业务水平;给用户作为参考,推荐优质、适用的产品;还可将检修信息反馈回来,完善产品的设计与装配工艺,提高产品质量。

3.3.4 包装工艺

整机产品经过调试、检验后即可进行打包包装了。包装的主要目的是方便运输、存储和装卸。包装既可对产品起到保护作用,还可起到介绍产品、宣传企业的作用。现代企业都非常重视产品的包装,一些著名企业的产品包装都有自己的特色,可以反映企业形象和市场趋势。对于进入流通领域中的电子整机产品来说,包装是必不可少的一道工序。

1.包装的种类

产品的包装是产品生产过程中的重要组成部分。进行合理包装是避免产品在流通过程中产生机械物理损伤,确保其质量而采取的必要措施。常见的包装有以下 3 种:

(1)运输包装。运输包装即产品的外包装,它的主要作用是便于产品的存储和运输。

(2)销售包装。销售包装即产品的内包装,其不仅应起到保护产品、便于消费者使用和携带的作用,而且还应起到美化产品和广告宣传的作用。

(3)中包装。中包装起到计量、分隔和保护产品的作用,是运输包装的组成部分。也有随同产品一起上货架与消费者见面的,这类中包装则应视为销售包装。

2. 包装的要求

1）对产品的要求

在进行包装前，合格的产品应按照有关规定进行外表面处理（消除油污、指纹、汗渍等）。在包装过程中应保证产品外表不被损伤或污染。

2）包装与防护

（1）合适的包装应能承受合理的堆压和撞击。产品外包装的强度要与内装产品相适应。

（2）合理压缩包装体积。在包装时要考虑人力的搬运和集装箱的运输，力求轻而小。

（3）防尘。包装应具备防尘条件，应使用发泡塑料纸或聚乙烯吹塑薄膜等与产品外表面不发生化学反应的材料，以进行整体防尘。防尘袋应封口。

（4）防湿。包装件应具备一般防湿条件，以防止在流通过程中临时降雨或大气中的湿气对产品的影响。

（5）缓冲。包装应具有足够的缓冲能力，以保证产品在流通过程中受到冲击、振动等外力时，免受机械损伤。

3）装箱及注意事项

（1）装箱时，应清除包装箱内的异物和尘土。

（2）装入箱内的产品不得倒置。

（3）装入箱内的产品、附件和衬垫及使用说明书、装箱明细表、装箱单等内装物必须齐全，且不得在箱内随意移动。

3. 包装的标志

设计包装标志时应注意以下几点：

（1）包装上的标志应与包装箱大小协调一致。

（2）文字标志的书写方式为由左到右、由上到下，数字应采用阿拉伯数字，汉字应采用规范字。

（3）标志颜色一般以红、蓝、黑 3 种颜色为主。

（4）标志方法可以为印刷、粘贴、打印等。

（5）标志内容主要包括名称及型号、商品名称及注册商标图案、产品主体颜色、包装件质量（kg）、包装件最大外部尺寸（mm）、内装产品的数量（台等）、出厂日期、生产厂商名称、储存标志（向上、怕湿、小心轻放、堆码层数等）等。

电子产品生产工艺与品质管理

任务实施

工作任务单

班级：_____   姓名：_____   学号：_____   ____年____月____日

项目 3	调试与检验工艺	任务 3.3	电子产品检验
教学场所	电子工艺实训室	工时/h	2

实施条件	提供以下工具和材料： 1. 电子产品原理图和装配图； 2. 装配好的电子产品； 3. 检验工作台
工作任务	1. 通电后，验收电子产品的功能是否完整； 2. 面板、机壳和紧固件等是否安装到位； 3. 外观是否干净，无划痕、裂痕
完成工作任务具体操作步骤	

评分	考核内容	评分标准	配分	得分
	电子产品检验	1. 外壳损伤、有划痕，每处扣 5 分； 2. 产品中夹杂异物，每个扣 20 分； 3. 产品功能不全，每项扣 20 分； 4. 违反安全生产操作规程，扣 10~50 分	80	
	学习态度、协作精神和职业道德	1. 学习态度是否端正； 2. 是否具有协作精神和职业道德	20	
	总分			

132

项目3 调试与检验工艺

项目小结

1．在完成电子产品的焊接任务后必须进行电路调试，调试工作需要有调试方案进行指导，在能完成各项调试工作的环境下完成，包括必要的设备和人员。

2．完成电子产品的总装后，一定要进行整机调试，确保整机产品的技术指标完全达到设计要求。

3．将电子产品组装成整机后，还必须经检验和包装才能出厂。整机检验的主要内容有外观检验和性能检验两大部分，其中性能检验内容复杂。

习题3

1．调试工作的主要内容有哪些？
2．简述进行电路静态调试的方法。
3．静态参数的测量方法有哪些？
4．简述整机调试的一般流程。
5．电源调试通常分为哪几个步骤？
6．动态特性的测试内容有哪些？主要有哪些方法或手段？
7．整机产品的检验是如何分类的？
8．检验的3个阶段分别指什么？
9．整机检验的概念是什么？主要内容是什么？
10．整机通电老化的技术要求有哪些？
11．电子产品的性能检验有哪些内容？
12．简述检修电子产品的工艺流程。
13．产品的包装原则有哪些？
14．设计包装标志时应注意哪些问题？
15．常见的包装有哪几种？

扫一扫看习题3答案

项目 4

电子产品工艺文件的识读与编制

扫一扫看项目4
教学课件

学习导入

古往今来，能成就事业，对人类有作为的，无一不是脚踏实地攀登的结果。

——钱三强

项目分析

该项目通过对实际收音机装配工艺文件的识读，学习电子产品工艺文件的种类与格式，了解各种电子产品工艺文件在生产中的指导作用，掌握实际电子产品工艺文件的识读方法。

项目4 电子产品工艺文件的识读与编制

任务 4.1 电子产品工艺文件的识读

任务提出

电子产品工艺文件是指导工人操作和用于生产、管理等技术文件的总称，是根据电子产品的电路设计，结合企业的实际情况编制而成的。电子产品工艺文件是实现产品加工、装配和检验的技术依据，也是生产管理的主要依据。

本任务要求学习者完成以下工作：
（1）熟悉电子产品工艺文件的格式；
（2）熟悉电子产品工艺文件的内容。

学习导航

任务 4.1 电子产品工艺文件的识读	
知识目标	1. 熟悉电子产品工艺文件的格式； 2. 熟悉电子产品工艺文件的内容
能力目标	1. 能够按照工艺文件的顺序识读工艺文件； 2. 能够介绍电子产品工艺文件，具有良好的沟通能力
职业素养	1. 培养严谨、细致的工作作风； 2. 培养吃苦耐劳的工作精神； 3. 培养良好的职业道德和敬业精神； 4. 培养团队协作能力和沟通能力； 5. 培养解决问题、制订工作计划的能力

相关知识

4.1.1 电子产品工艺文件的内容

1. 工艺文件的种类

根据电子产品的特点，工艺文件通常可分为工艺管理文件和工艺规程文件两大类。

1）工艺管理文件

工艺管理文件是企业组织生产、进行生产技术准备工作的文件，它规定了产品的生产条件、工艺线路、工艺流程、工具设备、调试及检验仪器、工艺装置、材料消耗定额和工时消耗定额。

2）工艺规程文件

工艺规程文件是规定产品制造过程和操作方法的技术文件，它主要包括零件加工工艺、元器件装配工艺、导线加工工艺、调试及检验工艺和各工艺的工时定额。

2. 工艺文件的内容

电子产品的生产过程一般包括准备工序、流水线工序和调试检验工序，工艺文件应该按照工序编制具体内容。

1）准备工序工艺文件的编制内容

准备工序工艺文件的编制内容包括元器件的筛选、元器件引脚的成形和搪锡、线圈和变压器的绕制、导线的加工、线束的捆扎、地线成形、电缆制作、剪切套管、打印标记等。这些工作不适合流水线装配，应该按工序分别编制相应的工艺文件。

2）流水线工序工艺文件的编制内容

流水线工序工艺文件的编制内容主要是针对电子产品的装配和焊接工序，这道工序大多在流水线上进行。编制内容如下：

（1）确定流水线上需要的工序数目。这时应考虑各工序的平衡性，其劳动量和工时应大致接近。例如，收音机印制板的组装焊接，可按局部分片、分工制作。

（2）确定每道工序的工时。一般小型机每道工序的工时不超过5min，大型机不超过30min，再进一步计算日产量和生产周期。

（3）工序顺序应合理。要考虑操作的省时、省力、方便，尽量避免使工件来回翻动和重复往返。

（4）安装和焊接工序应分开。每道工序尽量不使用多种工具，应使个人操作简单，易熟练掌握，保证优质高产。

3）调试检验工序工艺文件的编制内容

调试检验工序工艺文件的编制内容应标明测试仪器、仪表的种类、等级标准及连接方法，标明各项技术指标的规定值及测试条件和方法，明确规定该工序的检验项目和检验方法。

3. 工艺文件的格式及识读

工艺文件包括专业工艺规程、各具体工艺说明及简图、产品检验说明（方式、步骤、程序等），这类文件一般有专用格式，具体包括工艺文件封面、工艺文件目录、元器件工艺表、导线及扎线加工表、工艺说明及简图、装配工艺过程卡等。

1）工艺文件的格式

电子产品工艺文件的格式基本按照电子行业标准《工艺文件的成套性》（SJ/T 10324—1992）执行，应根据具体电子产品的复杂程度及生产的实际情况，按照规范进行编写，并配齐成套，装订成册。

2）工艺文件的格式要求

工艺文件要有一定的格式和幅面，图幅大小应符合有关标准，并保证工艺文件的成套性。文件中字体要规范，图形要正确，书写应清楚。所用产品的名称、编号、图号、符号、材料和元器件代号等应与设计文件一致。安装图在工艺文件中可以按照工序全部绘制，也可以只

按照各工序安装件的顺序，参照设计文件的要求进行绘制。线扎图尽量采用1∶1图样，以便于准确捆扎和排线。大型线扎可用几幅图纸拼接，或用剖视图标注尺寸。在装配接线图中连接线的接点要明确，接线部位要清楚，必要时产品内部的接线可假设移出展开。各种导线的标记由工艺文件决定。工序安装图基本轮廓相似、安装层次表示清楚即可，不必全按实样绘制。焊接工序应画出接线图，各元器件的焊接点方向和位置应画出示意图。编制成的工艺文件要执行审核、批准等手续。当设备更新和技术革新时，应及时修订工艺文件。

3）工艺文件的封面

工艺文件的封面要在工艺文件装订成册时使用。简单的电子设备可按整机装订成一册，复杂的电子设备可按分机单元分别装订成册。

4）工艺文件的目录

工艺文件的目录是工艺文件装订顺序的依据。目录既可作为移交工艺文件的清单，也便于查阅每一种组件、部件、零件所属的工艺文件的名称、页数和装订次序。

5）工艺线路表

工艺线路表是产品的整件、部件、零件在加工、准备过程中工艺线路的简明显示，是组织生产的依据。

6）导线及扎线加工表

导线及扎线加工表是导线及扎线剪切、剥头、镀锡加工和装配焊接的依据。

7）配套明细表

配套明细表的作用是编制配套零部件、整件、材料与辅助材料清单，供有关部门在配套及领、发材料时用。

8）元器件明细表

元器件明细表用来指导生产，作为生产线在组织领料、备料、插装时的依据，包括元器件的名称、型号、规格、使用数量、有无代用型号及规格、是否指定生产厂家。

9）工艺说明及简图

工艺说明及简图包括调试说明及简图、检验说明及简图、工艺流程框图、特殊工艺要求等。

10）装配工艺过程卡

装配工艺过程卡是用于编制部件、整件、产品装联工艺过程的工艺文件。涵盖部件、整件的机械性装配和电气连接的装配工艺全过程（包括装配准备、装接、调试、检验、包装入库等过程）。

11）工艺文件更改通知单

工艺文件更改通知单用于记录工艺文件内容的永久性修改，包括更改原因、生效日期及处理意见等。

4.1.2 电子产品工艺文件格式示例

1. 工艺文件的封面

工艺文件的封面如图 4.1 所示。

工 艺 文 件

共　　册
第　　册
共　　页

型　　号
名　　称
图　　号
本册内容

批　　准
年　　月　　日

图 4.1　工艺文件的封面

在封面中,"共　册"栏内应填写工艺文件的总册数;"第　册"栏内应填写该册在全套工艺文件中的序号;"共　页"栏内应填写该册的总页数;"型号""名称""图号"栏内应分别填写产品型号、名称、图号;"本册内容"栏内应填写该册工艺内容的名称;"批准"栏内

项目4 电子产品工艺文件的识读与编制

应为批准人签署的姓名,下面应填写批准日期。

2. 工艺文件的目录

工艺文件的目录如图4.2所示。

			工艺文件目录	产品名称或型号	产品图号
		序号	文件代号	零部件、整件图号	零部件、整件名称	页数	备注

(表格结构示意,详见原图)

底图总号	更改标记	数量	文件号	签名	日期	签名	日期	
						拟制		第 页
						审核		
日期	签名							共 页
								第 册 第 页

图4.2 工艺文件的目录

"产品名称或型号""产品图号"栏内应分别填写产品的名称或型号、图号,应与封面保持一致;"拟制""审核"栏内为有关职能人员签署的姓名和日期;"更改标记"栏内应填写更改事项;"底图总号"栏内应填写被本底图所代替的旧底图总号;"文件号"栏内应填写文件简号;其余栏内填写的是零部件、整件的图号、名称及其页数。

3. 工艺线路表

工艺线路表如图 4.3 所示。

				工艺线路表		产品名称或型号		产品图号	
		序号	文件代号	名称	装入关系	部件用量	整件用量	工艺线路及内容	
使用性									
旧底图总号									
底图总号	更改标记	数量	文件号	签名	日期	签名		日期	第 页
						拟制			
						审核			共 页
日期	签名								第 册 第 页

图 4.3 工艺线路表

"装入关系"栏内可用方向指示线显示产品零件、整件的装配关系;"部件用量""整件用量"栏内应分别填写与产品明细表对应的数量;"工艺线路及内容"栏内应填写整件、部件、零件加工过程中各部门及其工序的名称和代号。

4. 导线及扎线加工表

导线及扎线加工表如图 4.4 所示。

					导线及扎线加工表				产品名称或型号		产品图号	
编号	名称规格	颜色	数量	长度/mm				去向、焊接处		设备	工时定额	备注
				全长	A端	B端	A剥头	B剥头	A端	B端			
使用性													
旧底图总号													
底图总号	更改标记	数量	文件号	签名	日期	签名		日期		第 页		
						拟制						
						审核				共 页		
日期	签名									第 册 第 页		

图 4.4 导线及扎线加工表

"编号"栏内应填写导线的编号或扎线图中导线的编号;"名称规格""颜色""数量"栏内应分别填写材料的名称规格、颜色、数量;"长度"栏中"全长""A 端""B 端""A 剥头""B 剥头"栏内应分别填写导线的开线尺寸,扎线 A、B 端的甩端长度及剥头长度;"去向、焊接处"栏内应填写导线的焊接去向。

5. 配套明细表

配套明细表如图 4.5 所示。

		配套明细表			产品名称或型号		产品图号
	序号	图号	名称	数量	来自何处		备注
使用性							
旧底图总号							
底图总号	更改标记	数量	文件号	签名	日期	签名	日期	第 页
						拟制		
						审核		共 页
日期	签名							第 册 第 页

图 4.5 配套明细表

配套明细表供有关部门在配套及领、发材料时用。

6. 元器件明细表

元器件明细表给出整机所用元器件的参数，不包括整机所用的全部材料。因此，除元器件明细表外，还应给出整机材料汇总表，作为管理人员核算成本、制订生产计划、安排材料

项目 4　电子产品工艺文件的识读与编制

采购、材料调拨、仓库存放等的依据。整机汇总表应包括以下内容：

（1）机壳、底板、面板；

（2）机械加工件、外购部件；

（3）标准件；

（4）导线、绝缘材料等；

（5）备件及工具等；

（6）技术文件；

（7）包装材料。

7. 工艺说明及简图

工艺说明及简图如图 4.6 所示。

图 4.6　工艺说明及简图

电子产品生产工艺与品质管理

8. 装配工艺过程卡

装配工艺过程卡如图 4.7 所示。

		装配工艺过程卡					装配件名称		装配件图号	
序号	装入件及辅助材料		长度/mm				工序（工步）内容及要求	设备及工装	工时定额	
	名称、牌号、技术	数量	车间	序号	工种					

使用性									
旧底图总号									
底图总号	更改标记	数量	文件号	签名	日期	签名		日期	第　页
						拟制			
						审核			共　页
日期	签名								第　册　第　页

图 4.7 装配工艺过程卡

"序号"栏内应按 1、2、3……填写顺序号；"装入件及辅助材料"栏内应填写装入件和辅助材料的名称、牌号、技术和数量；"车间"栏内应填写该工序所属车间的名称或代号；"序号"和"工种"栏内应分别填写该工序的顺序号和工种名称的简称，这里的"序号"与前述的"序号"不同，指的是工序号；"工序（工步）内容及要求"栏应填写该工序（工步）的具体内容和技术要求；"设备及工装"栏应填写该工序（工步）所需的设备及工装名称、型号或编号；"工时定额"栏内应填写该工序（工步）所需的工艺定额（含准备和结束工时工艺定额）；空白栏处画加工装配工序图。

项目 4　电子产品工艺文件的识读与编制

9. 工艺文件更改通知单

工艺文件更改通知单如图 4.8 所示。

更改单号	工艺文件更改通知单	产品名称或型号	零部件、整件名称	图号	第　页
					共　页
生效日期	更改原因				
更改标记			更改标记	更改后	

| 拟制 | 日期 | 审核 | 日期 | 拟制 | 日期 | 标准 | 日期 |

图 4.8　工艺文件更改通知单

电子产品生产工艺与品质管理

任务实施

工作任务单

班级：_____   姓名：_____   学号：_____   _____年_____月_____日

项目 4	电子产品工艺文件的识读与编制		任务 4.1	电子产品工艺文件的识读
教学场所	电子工艺实训室		工时/h	2
实施条件	提供以下材料： 小型电子产品（如收音机）的装配工艺文件若干套，1人/套			
工作任务	按照电子产品装配工艺文件的顺序，识读工艺文件			
完成工作任务具体操作步骤				
评分	考核内容	评分标准	配分	得分
	工艺文件的种类	口试，回答准确	10	
	工艺文件的内容	口试，回答准确	10	
	工艺文件的格式	口试，回答准确	10	
	工艺文件的识读	口试，回答准确	50	
	学习态度、协作精神和职业道德	1. 学习态度是否端正； 2. 是否具有协作精神和职业道德	20	
	总分			

任务 4.2 电子产品工艺文件的编制

任务提出

某电子企业生产车间接到生产计划部下达的日产 1000 台调频收音机的生产任务,要求工艺员编制插件工艺文件。

本任务要求学习者完成以下工作:

(1) 能根据工艺文件编制要求,完成工艺文件的编制;

(2) 在工艺文件编制过程中能准确计算工位数、生产节拍、总工时、插件工位数等参数,并对工作量进行准确的统计分析。

学习导航

任务 4.2 电子产品工艺文件的编制	
知识目标	1. 了解工艺文件的编制原则和要求; 2. 掌握工艺文件的编制过程
能力目标	1. 能根据工艺文件编制要求,完成插件工艺文件的编制; 2. 能完成编制工艺文件过程中相关参数的计算
职业素养	1. 培养严谨、细致的工作作风; 2. 培养吃苦耐劳的工作精神; 3. 培养对新知识和新技能的学习能力; 4. 培养解决问题、制订工作计划的能力

相关知识

4.2.1 工艺文件的编制依据、原则与要求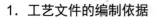

扫一扫看工艺文件微课视频

1. 工艺文件的编制依据

(1) 工艺文件编制的技术依据是全套设计文件、样机及各种工艺标准;

(2) 工艺文件编制的工作量依据是计划日(月)成立及标准工时定额;

(3) 工艺文件编制的适用性是现有的生产条件及经过努力可能达到的条件。

2. 工艺文件的编制原则

(1) 既要有经济上的合理性和技术上的先进性,又要考虑企业的实际情况,具有适用性。

(2) 必须严格与设计文件的内容相符合,应尽量体现设计的意图,最大限度地保证设计质量的实现。

(3) 要严肃认真、一丝不苟,力求文件内容完整正确,表达简洁明了,用词规范严谨,并尽量采用视图加以表达。要做到不用口头解释,根据工艺文件就可正常地进行一切工艺活动。

(4)要体现质量第一的思想,对质量的关键部位及薄弱环节应重点加以说明。技术指标应前紧后松,有定量要求,无法定量要求的要以封样为准。

(5)尽量提高工艺文件的通用性,对一些通用的工艺要求应上升为通用工艺。

(6)表达形式应具有较大的灵活性及适用性,做到当产量发生变化时,文件需要重新编制的比例压缩到最小程度。

3. 工艺文件的编制要求

(1)工艺文件要有统一的格式、统一的幅面,图幅大小应符合有关规定,并装订成册、装配齐全。

(2)工艺文件的填写内容要简要明确、通俗易懂、字迹清楚、幅面整洁。有条件的应优先采用计算机编制。

(3)工艺文件所用的名称、编号、图号、符号和元器件代号等,应与设计文件一致。

(4)工序安装图可不完全按照实样绘制,但基本轮廓应相似,安装层次应表示清楚。

(5)装配接线图中的接线部位要清楚,连接线的接点要明确。内部接线可采用假想移出展开方法。

(6)编写工艺文件要执行审核、会签、批准手续。

4.2.2 工艺文件的编制示例

编制插件工艺文件是一项细致而烦琐的工作,必须综合考虑合理的次序、难易的搭配、工作量的均衡等因素。因为插件工人在流水线作业时,每人每天插入元器件数量高达 8000~10000 只,在这样大量的重复操作中,若插件工艺设计不合理,会引起差错率的明显上升,所以合理编制插件工艺是非常重要的,要使工人在思想比较放松的状态下,也能正确、高效地完成作业内容。

扫一扫看工艺文件编制方法微课视频

1. 编制要领

(1)各插件工位的工作量安排要均衡,工位间工作量(按标准工时定额计算)差别小于等于 3s。

(2)电阻器避免集中在某几个工位安装,应尽量平均分配给各工位。

(3)外形完全相同而型号规格不同的元器件,绝对不能分配给同一工位安装。

(4)型号规格完全相同的元器件应尽量安排给同一工位安装。

(5)需识别极性的元器件应平均分配给各工位。

(6)安装难度高的元器件也要平均分配。

(7)前个工位插入的元器件不能造成后个工位安装的困难。

(8)插件工位的顺序应掌握先上后下、先左后右,这样可以减少前、后工位的影响。

(9)在满足上述各项要求的情况下,每个工位的插件区域应相对集中,这样有利于插件速度。

2. 编制步骤及方法

1）计算生产节拍时间

每天工作时间：8h。

上班准备时间：15min。

上、下午休息时间：各15min。

$$每天实际作业时间 = 每天工作时间 - （上班准备时间 + 休息时间）$$
$$= 8 \times 60min - （15min + 15min \times 2）$$
$$= 435min$$

$$生产节拍时间 = \frac{实际工作时间}{计划日产量} = \frac{435 \times 60s}{1000} = 26.1s$$

2）计算印制板插件总工时

将元器件分类列在表 4.1 内，按标准工时定额查出单件的定额时间，最后累计出印制板插件所需的总工时为 173.5s。

表 4.1 插件工时统计

序号	元器件名称	数量/只	定额时间/s	累计时间/s
1	小功率碳膜电阻器	13	3	39
2	跨接线	4	3	12
3	中周（5脚）	3	4	12
4	小功率晶体管（需整形）	5	5.5	27.5
5	晶体管	2	4.5	9
6	瓷片电容器（无极性）	12	3	36
7	电解电容器（有极性）	7	3.5	24.5
8	音频变压器（5脚）	2	5	10
9	二极管	1	3.5	3.5
合计工时/s				173.5

3）计算插件工位数

插件工位的工作量安排一般应考虑适当的余量，当计算值出现小数时一般采取进位方式。

$$插件工位数 = \frac{插件总工时}{生产节拍时间} = \frac{173.5s}{26.1s} \approx 6.55$$

所以根据上式得出，日产 1000 台调频收音机的插件工位数确定为 7。

4）确定工位工作量

$$工位工作量时间 = \frac{插件总工时}{工位数} = \frac{173.5s}{7} \approx 24.79s$$

$$工作量允许误差 = 生产节拍时间 \times 10\% = 26.1s \times 10\% \approx 2.6s$$

5）划分插件区域

按编制要领将元器件分配到各工位。

6）对工作量进行统计分析

如表 4.2 所示，对每个工位的工作量进行统计分析。

表 4.2　工位工作量统计

类型	工位序号						
	一	二	三	四	五	六	七
小功率碳膜电阻器/只	1	2	2	2	2	2	2
跨接线/根	1				2	1	
二极管/只	1						
晶体管/只						1	1
小功率晶体管（需整形）/只	1	1	1	1	1		
瓷片电容器（无极性）/只	2	2	2	2	1	1	2
电解电容器（有极性）/只		1	1	2	1	1	1
中周、线圈/只	1	1	1				
音频变压器/只						1	1
元器件品种/种	6	5	5	4	5	6	5
元器件个数/只	7	7	7	7	7	7	7
合计工时/s	25	25	25	24.5	24	25	25

项目 4　电子产品工艺文件的识读与编制

任务实施

工作任务单

班级：_____　　姓名：_____　　学号：_____　　_____年_____月_____日

项目 4	电子产品工艺文件的识读与编制	任务 4.2	电子产品工艺文件的编制
教学场所	电子工艺实训室	工时/h	2

实施条件	1. 某电子产品基本元器件装配图、元器件明细表、插件标准工时定额： | 序号	名称	标准工时/（s/只）	数量/只	累计工时/s | |---|---|---|---|---| | 1 | 碳膜电阻器 | 3 | | | | 2 | 瓷片电阻器 | 3 | | | | 3 | 涤纶电容器 | 3 | | | | 4 | 铝电解电容器 | 3.5 | | | | 5 | 固定电感器（行线性） | 3.5 | | | | 6 | 中周 | 4 | | | | 7 | 滤波器/陷波器（3 脚） | 3 | | | | 8 | 声表面滤波器（5 脚） | 4 | | | | 9 | 微调电位器（3 脚） | 4 | | | | 10 | 二极管 | 3 | | | | 11 | 晶体管 | 5 | | | | 12 | 集成电路（8 脚） | 4 | | | | 13 | 集成电路（16 脚） | 5 | | | 2. 已知日产量为 1000 块，每天作业时间为 7.5h。
工作任务	根据工艺文件的编制要领完成以下任务： 1. 计算插件工位数； 2. 计算生产节拍时间； 3. 计算印制板插件总工时； 4. 划分插件区域； 5. 对工作量进行统计分析

	考核内容	评分标准	配分	得分
评分	工艺文件编制相关知识	口试，回答准确	20	
	计算插件工位数	填写规范，计算准确	10	
	计算生产节拍时间	填写规范，计算准确	10	
	计算印制板插件总工时	填写规范，计算准确	10	
	划分插件区域	填写规范，内容准确	10	
	对工作量进行统计分析	填写规范，内容准确	10	
	课堂表现和出勤情况	工作是否努力，是否有迟到、早退、旷课现象，是否有扰乱课堂秩序现象	30	
	总分			

任务 4.3 电子产品工艺文件标准化管理

任务提出

随着市场竞争日益激烈,产品的质量成了企业首先要考虑的因素,而作为指导控制企业产品生产的工艺文件,对产品质量起着举足轻重的作用。对数目众多的工艺文件进行标准化管理,可以有效地解决工艺文件的编制混乱问题。

本任务要求学习者完成以下工作:

(1) 能对工艺文件的内容进行标准化管理;

(2) 能正确填写工作任务单。

学习导航

任务 4.3	电子产品工艺文件标准化管理
知识目标	掌握工艺文件标准化管理
能力目标	能对工艺文件的内容进行标准化管理
职业素养	1. 培养严谨、细致的工作作风; 2. 培养吃苦耐劳的工作精神; 3. 培养对新知识和新技能的学习能力; 4. 培养解决问题、制订工作计划的能力

相关知识

4.3.1 标准的概念与分类

1. 标准与标准化

标准是指对重复性事物和概念所做的统一规定。它以科学、技术和实践经验的综合成果为基础,经有关方面协商一致,由主管机构批准,以特定的形式发布,作为共同遵守的准则和依据。

标准化是指在经济、技术、科学和管理等社会实践中,对重复性的事物和概念,通过制定、发布和实施标准达到统一,以获得最佳秩序和社会效益。

标准是不能随意制定和修改的;标准化的任务就是制定标准、组织实施标准和对标准的实施进行监督。标准化是组织现代化生产的手段、科学管理的基础、提高产品质量的保证和发展横向联合的纽带。企业的各类人员应了解、熟悉乃至掌握相应的标准,作为设计和生产电子产品的工程技术人员更不能例外。

2. 标准的分类

标准的种类繁多,涉及电子产品的标准就有上千种。标准按其属性可分为技术标准、经

济标准和管理标准 3 种;按标准的级别(层次),《中华人民共和国标准化法》将标准划分为 4 个级别,即国家标准、行业标准、地方标准、企业标准。各层次之间有一定的依从关系和内在联系,形成一个覆盖全国又层次分明的标准体系。

1)国际标准

国际标准是指国际标准化组织、国际电工委员会和国际电信联盟(International Telecommunications Union,ITU)制定的标准,以及国际标准化组织确认并公布的其他国际组织制定的标准。国际标准在世界范围内统一使用。

2)国家标准

对需要在全国范围内统一的技术要求,应当制定国家标准。国家标准由国家标准化管理委员会编制计划、审批、编号、发布。国家标准代号为 GB 和 GB/T,其含义分别为强制性国家标准和推荐性国家标准。

3)行业标准

对没有国家标准又需要在全国某个行业范围内统一的技术要求,可以制定行业标准,作为对国家标准的补充。当相应的国家标准实施后,该行业标准应自行废止。行业标准由行业标准归口部门编制计划、审批、编号、发布、管理。行业标准的归口部门及其所管理的行业标准范围,由国务院行政主管部门审定。部分行业的行业标准代号如下:汽车——QC、石油化工——SH、化工——HG、石油天然气——SY、有色金属——YS、电子——SJ、机械——JB、轻工——QB、船舶——CB、核工业——EJ、电力——DL、商检——SN、包装——BB。推荐性行业标准在行业标准代号后加"/T",如"JB/T"即为机械行业推荐性标准,不加"T"的为强制性标准。

4)地方标准

对没有国家标准和行业标准而又需要在省、自治区、直辖市范围内统一的技术要求,可以制定地方标准。地方标准的制定范围有:工业产品的安全、卫生要求;药品、兽药、食品卫生、环境保护、节约能源、种子等法律、法规的要求;其他法律、法规规定的要求。地方标准由省、自治区、直辖市标准化行政主管部门统一编制计划、组织制定、审批、编号、发布。地方标准也分强制性标准与推荐性标准。

5)企业标准

企业标准是对企业范围内需要协调、统一的技术要求、管理要求和工作要求所制定的标准。企业标准的要求不得低于相应的国家标准或行业标准的要求。企业标准由企业制定,由企业法人代表或法人代表授权的主管领导批准、发布。企业标准应在发布后 30 日内向政府备案。

此外,为适应某些领域标准快速发展和快速变化的需要,1998 年规定在 4 级标准之外,增加一种"国家标准化指导性技术文件",作为对国家标准的补充,其代号为"GB/Z"。

4.3.2 工艺文件标准化管理的目的与要求

1. 工艺文件标准化管理的目的

（1）明确所有定型产品应具备的工艺文件，包括新设计开发的定型产品和正常生产的定型产品；

（2）明确各工艺文件的编制、审核、审批的职责和权限划分；

（3）明确各工艺文件的发放范围；

（4）明确各工艺文件应用的格式。

2. 工艺文件标准化管理的基本要求

（1）工艺文件是组织生产、指导生产，进行工艺管理、质量管理和经济核算等的主要技术依据。成套的工艺文件是生产定型的依据之一。

（2）影响电子产品可靠性的主要因素是设计质量和工艺水平，因此，应提高产品的可靠性设计（包括工艺设计）水平，工艺文件中的方法和过程应翔实、具体、严密、可靠性强。

（3）工艺人员应根据市场和质量部门对产品的反馈意见，采用先进、合理、科学的工艺技术，提高市场工艺水平，适时修订工艺文件，提高产品的可靠性。

（4）工艺文件的编制要做到正确、完整、统一、清晰。

3. 满足工艺文件的成套性要求

（1）工艺文件成套性审查。提交成套性工艺文件前，由工艺部参与项目的工艺设计人员负责成套工艺文件目录，经工艺部负责人审核，由标准化人员进行工艺文件成套性审核。

（2）成套工艺文件目录最后由相应产品部负责人批准。

（3）所有文件必须进行标准化审核。

（4）工艺文件完整性示意表如表 4.3 所示。

表 4.3 工艺文件完整性示意表

序号	工艺文件名称	产品整机	产品组成部分		编制（整理）	审核	标准化	批准
			部件	零件				
	工艺文件（封面）	○	—	—	文件管理员			产品负责人
	成套工艺文件目录	●	—	—	工艺组成员	产品部门相关人员	产品部门相关人员	产品负责人
1	工艺流程图	●	○	—	工艺组成员	工艺组相关人员	工艺组相关人员	研发技术中心负责人
2	生产作业指导书（装配工序）	●	●	—	工艺组成员	工艺组相关人员	工艺组相关人员	研发技术中心负责人
3	调试作业指导书（装配工序）	●	—	—	工艺组成员	工艺组相关人员	工艺组相关人员	研发技术中心负责人

项目4 电子产品工艺文件的识读与编制

续表

序号	工艺文件名称	产品整机	产品组成部分 部件	产品组成部分 零件	编制（整理）	审核	标准化	批准
4	产品包装作业指导书	●			工艺组成员	工艺组相关人员	工艺组相关人员	研发技术中心负责人
5	相关的设备、检验、操作工艺规程	○	○	○	工艺组成员	工艺组相关人员	工艺组相关人员	研发技术中心负责人
6	产品、部件线束装配图	●	●	—	工艺组成员	工艺组相关人员	工艺组相关人员	产品开发中心负责人
7	部件检验报告、检验作业指导书	○	○	—	工艺组成员	工艺组成员	工艺组相关人员	研发技术中心负责人
8	成品检验报告、检验作业指导书	●			工艺组成员	工艺组成员	产品部门相关人员	研发技术中心负责人
9	生产、质量随工单	●			工艺组成员	工艺组成员	工艺组成员	研发技术中心负责人
10	物料清单（BOM）	○	○		工艺组成员	工艺组成员	工艺组成员	研发技术中心负责人
11	工时工艺定额明细表	●			工艺组成员	工艺组成员	工艺组成员	研发技术中心负责人
12	工艺装备明细表	○	○		工艺组成员	工艺组成员	工艺组成员	研发技术中心负责人
13	产品安装作业指导书	●	—		产品部门相关人员	产品部门相关人员	产品部门相关人员	研发技术中心负责人
14	产品安装验收报告	●	—		工艺组成员	工艺组成员	工艺组成员	研发技术中心负责人

注："●"表示必须编制的文件。

"○"表示应根据产品的生产和使用的需要而编制的文件。

"—"表示没有需要编制、审核、审批或下发的文件。

（5）所有文件应在小批量投产前，全部提交研发技术中心负责人批准签署，完成后交档案室文件管理员存档，由文件管理员整理并下发至相关部门和人员，指导生产。

（6）对于在小批量生产过程中需要修改的相关文件，由编制部门根据发现的问题对以上相关文件进行修改，并重新提交到档案室管理员处，文件管理员负责对原提交文件进行替换，保证整套文件的有效性。

4．文件实施

生产人员应严格按照下发的各文件进行操作，不得随意改动。若对文件内容存在疑问，则应及时向工艺、技术人员询问。

5．文件的检查与反馈

（1）工艺、技术人员应针对新下发的工艺文件对操作人员进行培训，解答操作人员的疑问，并对培训内容做培训记录，对首批产品的生产进行现场监督、指导。

（2）工艺人员应随时检查市场中的工艺执行情况，对违反工艺的操作应及时纠正；定期进行工艺纪律检查并形成检查记录，落实责任部门和整改完毕时间，工艺人员应在规定完成的时间内进行检查，直至完全整改。

任务实施

工作任务单

班级：_____ 姓名：_____ 学号：_____ _____年_____月_____日

项目 4	电子产品工艺文件的识读与编制	任务 4.3	电子产品工艺文件标准化管理
教学场所	电子工艺实训室	工时/h	2
实施条件	与任务相关的一套工艺文件		
工作任务	1. 填写工艺文件管理的目的； 2. 填写工艺文件的适用范围； 3. 对工艺文件的内容进行标准化管理； 4. 明确文件保管方式（移交原则和移交手续）； 5. 明确文件的借阅方式； 6. 明确文件的发放方式； 7. 明确工艺文件的更改原则和实施方法； 8. 填写工作任务单		

	考核内容	评分标准	配分	得分
评分	工艺文件标准化管理相关知识	口试，回答准确	10	
	填写工艺文件管理的目的	填写规范，内容准确	10	
	填写工艺文件的适用范围	填写规范，内容准确	10	
	对工艺文件的内容进行标准化管理	填写规范，内容准确	10	
	明确文件的保管方式	填写规范，内容准确	10	
	明确文件的借阅方式	填写规范，内容准确	10	
	明确文件的发放方式	填写规范，内容准确	10	
	明确工艺文件的更改原则和实施方法	填写规范，内容准确	10	
	学习态度、协作精神和职业道德	1. 学习态度是否端正； 2. 是否具有协作精神和职业道德	20	
	总分			

156

项目4　电子产品工艺文件的识读与编制

项目小结

1．工艺文件是产品加工、装配、检验的技术依据，也是企业能否安全、优质、高产低消耗地制造产品的决定条件。

2．工艺文件的内容是按照工序进行编写的，给出了每道工序的操作内容和步骤，编制的技术依据是全套设计文件、样机及各种工艺标准。

3．工艺文件标准化管理的目的是保持已有工艺文件的完整性，统一工艺文件的管理标准，确保所编制和管理的工艺文件是正确、有效和一致的，有效控制工艺文件，以保证产品质量和生产的正常进行。

习题4

1．什么是工艺管理文件？
2．什么是工艺规程文件？
3．流水线工序工艺文件的编制内容是什么？
4．工艺文件目录的作用是什么？
5．编制工艺规程的依据是什么？
6．编制工艺文件的原则是什么？
7．电子产品的标准按级别分，可划分为哪几种？分别指什么？
8．工艺文件标准化管理的目的是什么？
9．对工艺文件标准化管理的基本要求是什么？

扫一扫看习题4答案

项目 5

电子产品质量管理与生产管理

扫一扫看项目 5
教学课件

学习导入

科学工作者宁可太迂，切莫浮而不实，必须十足唯物，不可丝毫唯心。

——黄鸣龙

项目分析

随着人们生活水平的提高，大众在关注电子产品的功能要求的同时也会关注电子产品的质量问题。电子产品的质量是电子产品安全、正常工作的保障，也是各个生产厂家吸引顾客、提高市场占有率的法宝，因此提升电子产品的质量成了生产厂家关注的重点。国际标准化组织所公布质量管理与质量保证的标准便是ISO 9000 质量体系，这一套体系主要是针对领导作用与顾客满意度开展测量监控工作。现今，我国的 ISO 9000 标准已在多家企业当中充分应用，在这种状况下，完善、健全企业管理体系逐渐变成企业向世界迈步的基础条件。

项目 5　电子产品质量管理与生产管理

任务 5.1　电子产品质量管理

任务提出

质量是企业的命脉，产品的质量不好，就会失去市场；没有市场，企业就失去生命。所以，作为企业的员工，必须具有这种提高产品质量的决心和愿望，也就是要求企业全体员工树立良好的质量意识。

本任务要求学习者完成以下工作：
（1）学习并掌握与电子产品质量管理相关的理论知识；
（2）了解电子企业质量管理体系认证情况并进行分析讨论。

学习导航

任务 5.1	电子产品质量管理
知识目标	掌握与电子产品质量管理相关的理论知识
能力目标	1. 能够根据已了解的校外电子企业质量管理体系认证情况进行讨论； 2. 能够以小组为单位完成工作任务； 3. 能正确、有条理地说明电子产品质量管理和生产管理的相关知识； 4. 能够向客户介绍电子工艺文件，具有良好的沟通能力； 5. 能够主动获取、分析和归纳新知识
职业素养	1. 培养严谨、细致的工作作风； 2. 培养良好的职业道德和敬业精神； 3. 培养对新知识和新技能的学习能力； 4. 培养良好的团队合作能力和沟通能力； 5. 培养解决问题、制订工作计划的能力

相关知识

5.1.1　电子产品质量管理分类及影响因素

1. 电子产品质量管理分类

1）质量保证

我国国家标准《质量管理体系　基础和术语》（GB/T 19000—2016）对质量保证的定义是：质量保证是质量管理的一部分，致力于提供质量要求会得到满足的信任。也就是为了提供足够的信任表明实体能够满足质量要求，而在质量体系中实施并根据需要进行全部有计划和有系统的活动。

质量保证的目的是对产品体系和过程的固有特性已经达到规定要求提供信任，所以质量保证的核心是向人们提供足够的信任，使顾客和其他相关方确信组织的产品、体系和过程达到规定的质量要求。为了能提供信任，组织必须开展一系列质量保证活动，包括为其规定的质量要求有效地开展质量控制，并能够提供证实已达到质量要求的客观证据，使顾客和其他

相关方面信任组织的质量管理体系得到有效运行,具备提供满足规定要求的产品和服务的能力。

质量保证分为内部质量保证和外部质量保证,内部质量保证是企业管理的一种手段,目的是取得企业领导的信任。外部质量保证是在合同环境中,供方取信于需方信任的一种手段。因此,质量保证的内容绝非是单纯的保证质量,而更重要的是要通过对那些影响质量的质量体系要素进行一系列有计划、有组织的评价活动,为取得企业领导和需方的信任而提出充分可靠的证据。

2)质量控制

质量控制是指监控具体的项目结果,以判断其是否符合相关的质量标准,并确定方法来消除绩效低下的原因。

质量控制的目标就是确保产品的质量能满足顾客、法律法规等方面所提出的质量要求,如适用性、可靠性、安全性等。质量控制的范围涉及产品质量形成全过程的各个环节,如设计过程、采购过程、生产过程和安装过程等。

质量控制的工作内容包括专业技术和管理技术两个方面。围绕产品质量形成全过程的各个环节,对影响工作质量的人、机、料、法、环五大因素进行控制,并对质量活动的成果进行阶段性验证,以便及时发现问题,采取相应措施,防止不合格重复发生,尽可能地减少损失。因此,质量控制应采取贯彻预防为主与检验把关相结合的原则。必须对干什么、为何干、怎么干、谁来干、何时干、何地干等做出规定,并对实际质量活动进行监控。因为质量要求是随时间的进展而不断变化的,为了满足新的质量要求,就要注意质量控制的动态性,要随工艺、技术、材料、设备的不断改进,研究新的控制方法。

2. 电子产品的质量及影响因素

1)电子产品质量

电子产品质量主要体现在以下 3 个方面。

(1)功能:电子产品的功能包括性能指标、操作功能、结构功能、外观性能、经济特性。

① 性能指标:电子产品实际具备的物理性能、化学性能及相应的电气参数。

② 操作功能:产品在操作时的方便程度和使用安全程度。

③ 结构功能:产品主体结构轻巧性、维护替换的方便性。

④ 外观性能:整机的外观造型、色泽及外包装等。

⑤ 经济特性:产品的工作效率、制作成本、使用费用、原料消耗等特性。

(2)可靠性:电子产品的可靠性包含耐久性、可维修性、设计可靠性三大要素。

① 耐久性:产品使用无故障性或使用寿命长就是耐久性。

② 可维修性:当产品发生故障后,能够快速便捷地通过维护或维修排除故障,就是可维修性。产品的可维修性与产品的结构有很大的关系,即与设计可靠性有关。

③ 设计可靠性:这是决定产品质量的关键,由于人-机系统的复杂性,以及人在操作中可能存在的差错和操作使用环境的影响,发生错误的可能性依然存在,所以设计的时候必须充分考虑产品的易使用性和易操作性,这就是设计可靠性。

(3)有效度:电子产品实际工作时间与产品使用寿命的比值,反映电子产品有效工作的效率。

2）影响产品质量波动的因素

随着质量管理的不断发展，质量管理由以前的重在结果转变为目前的重在预防，要变"事后把关"为"事前预防"，变管理结果为管理因素。因此，在实施质量管理时要从影响产品质量的因素入手进行预防管理。纵观整个生产过程，造成产品质量波动的原因主要有：人、机（机器设备）、料（材料）、法（方法）、测（测量）、环（环境）这六大因素。

（1）人：操作者对质量的认识、技术熟练程度、身体状况等。

凡是操作人员起主导作用的工序所产生的缺陷，一般可以由操作人员控制。造成操作误差的主要原因有：质量意识差、操作时粗心大意、不遵守操作规程、操作技能低、技术不熟练，以及由于工作简单重复而产生厌烦情绪等。

主要控制措施有：加强"质量第一、用户第一、下道工序是用户"的质量意识教育，建立健全质量责任制；编写明确详细的操作流程，加强工序专业培训，颁发操作合格证；加强检验工作，适当增加检验的频次；通过人员的适当调整，消除操作人员的厌烦情绪；强化自我提高和自我改进能力；进行预防性维护，防患于未然。

（2）机器：机器设备、工具的精度和维护保养状况等。

设备不但包括生产作业设备、机械及装置，还包括刀板、模具、夹具、量具等相关物品。主要控制措施有：加强设备维护和保养，对所有设备的日常检修及使用都要制定相应的标准，并按标准定期检修、维护；采用首检制，以核实机器的准确性、精确性；设备的管理者要尽可能提早发现设备运转的不良情况并分析原因，采取适当的措施，进行预防性维护，防患于未然。

（3）材料：材料的成分、物理性能和化学性能等。

主要控制措施有：在原材料采购合同中明确规定质量要求；加强原材料的进厂检验和厂内自制零部件的工序和成品检验；合理选择供应商（包括"外协厂"）；搞好供应商之间的协作关系和督促关系，帮助供应商做好质量控制和质量保障工作。

（4）方法：包括加工工艺、工装选择、操作规程等。

工艺方法对工序质量的影响主要来自两个方面：一是指定的加工方法，选择的工艺参数和工艺装备等的正确性和合理性；二是贯彻和执行工艺方法的严肃性。

工艺方法的主要控制措施有：工序流程布局科学合理；能区分关键工序、特殊工序和一般工序，有效确立工序质量控制点；有正规有效的生产管理办法、质量控制办法和工艺操作文件；主要工序都有操作规程或作业指导书。特殊工序的工艺规程除明确工艺参数外，还应对工艺参数的控制方法、试样的制取、工作介质、设备和环境条件等做出具体的规定；工艺文件重要的过程参数和特性值经过工艺评定或工艺验证；对每个质量控制点规定检查要点、检查方法和接收准则，并规定相关处理办法；各项文件能严格执行，记录资料能及时按要求填报。

（5）测量：测量时采取的方法是否标准、正确。

主要控制措施有：确定测量任务及所要求的准确度，选择满足所需准确度和精密度要求的测试设备；定期对所有测量和试验设备进行确认、校准和调整；规定必要的校准规程，其内容包括设备类型、编号、地点、校验周期、校验方法、验收方法、验收标准，以及发生问题时应采取的措施；保存校准记录；发现测量和试验设备未处于校准状态时，立即评定以前的测量和试验结果的有效性，并记入有关文件。

（6）环境：工作场地的温度、湿度、照明和清洁条件等。

所谓环境，一般指生产现场的温度、湿度、噪声干扰、振动、照明、室内净化和现场污

电子产品生产工艺与品质管理

染程度等。在确保产品对环境条件的特殊要求外,还要做好现场的整理、整顿和清扫工作,大力搞好文明生产,为持久地生产优质产品创造条件。

3) 全面质量管理

全面质量管理是指一个组织以质量为中心,以全员参与为基础,目的在于通过顾客满意和本组织所有成员及社会受益而达到长期成功的管理途径。全面质量管理具有全面性、全员性、预防性、服务性、科学性的特点。

5.1.2　ISO 9000 质量管理体系

随着各国经济的相互合作和交流,对供方质量体系进行审核已逐渐成为国际贸易和国际合作的前提,世界各国先后发布了许多关于质量体系及审核的标准。各国标准的不一致,给国际贸易带来了障碍,质量管理和质量保证的国际化成为当时世界各国的迫切需要。

国际标准化组织于 1979 年成立了质量管理和质量保证技术委员会(TC 176)负责制定质量管理和质量保证标准。1986 年发布了 ISO 8402《质量　术语》标准,1987 年发布了 ISO 9000《质量管理和质量保证标准　选择和使用指南》、ISO 9001《质量体系　设计开发、生产、安装和服务的质量保证模式》、ISO 9002《质量体系　生产和安装的质量保证模式》、ISO 9003《质量体系　最终检验和试验的质量保证模式》、ISO 9004《质量管理和质量体系要素　指南》等标准,统称为 ISO 9000 系列标准。

ISO 9000 系列标准的颁布,使各国的质量管理和质量保证活动统一在 ISO 9000 标准的基础之上,标准总结了工业发达国家先进企业的质量管理的实践经验,统一了质量管理和质量保证的术语和概念,并对推动组织的质量管理、实现组织的质量目标、消除贸易壁垒、提高产品质量和顾客的满意程度等产生了积极的影响,受到了世界各国的普遍关注和采用。迄今为止,它已被全世界 150 多个国家和地区等同采用为国家标准,并广泛用于工业、经济和政府的管理领域,有 50 多个国家建立了质量体系认证制度,世界各国质量管理体系审核员注册的互认和质量体系认证互认制度也在广泛范围内得以建立和实施。

1. ISO 9000 标准系列组成

ISO 9000:2015《质量管理体系　基础和术语》;

ISO 9001:2015《质量管理体系　要求》;

ISO 9004:2018《质量管理　组织的质量　实现持续成功指南》;

ISO 19011:2018《管理体系审核指南》。

2. GB/T 9000 质量标准的组成及意义

由于我国市场经济的迅速发展和国际贸易的增加,质量管理同国际惯例接轨已成为发展经济的重要内容。为此,国家技术监督局(现为国家市场监督管理总局)于 1992 年 10 月发布文件,决定等同采用 ISO 9000,颁布了 GB/T 19000 质量管理和质量保证标准系列,目前该标准系列由以下标准组成:

GB/T 19000—2016《质量管理体系　基础和术语》,与 ISO 9000:2015 对应。

GB/T 19001—2016《质量管理体系　要求》,与 ISO 9001:2015 对应。

GB/T 19004—2020《质量管理　组织的质量　实现持续成功指南》,与 ISO 9004:2018 对应。

项目5 电子产品质量管理与生产管理

这几项标准适用于产品开发、制造和使用单位,对各行业都有指导作用,应大力推行 GB/T 19000 标准系列,积极开展、认真工作,提高企业管理水平,增强产品竞争能力,打破技术贸易壁垒,跻身于国际市场。

3. 企业申请产品质量认证需要的条件

开展质量认证是为了保证产品质量,提高产品信誉,保护用户和消费者的利益,促进国际贸易和发展经贸合作。企业申请产品质量认证必须具备以下4个基本条件:

(1) 中国企业持有工商行政管理部门颁发的"企业法人营业执照";外国企业持有有关部门机构的登记注册证明。

(2) 产品质量稳定,能正常批量生产。质量稳定指的是产品在一年以上被连续抽查合格。小批量生产的产品,不能代表产品质量的稳定情况,只有正式成批生产产品的企业,才有资格申请认证。

(3) 产品符合国家标准、行业标准及其补充技术要求,或符合国务院标准化行政主管部门确认的标准。这里所说的标准是指具有国际水平的国家标准或行业标准,产品是否符合标准需由国家市场监督管理总局确认和批准的检验机构进行抽样检验予以证明。

(4) 生产企业建立的质量体系符合 GB/T 19000(ISO 9000)族中质量保证标准的要求。建立适用的质量标准体系(一般选定 ISO 9002 来建立质量体系),并使其有效运行。

4. 申请认证企业需要准备的资料

(1) 企业营业执照副本及组织机构代码证的复印件;
(2) 企业计量及检测设备的检定报告;
(3) 特殊岗位的上岗证书;
(4) 包含质量手册及程序文件在内的一、二、三级文件;
(5) 企业供销方面的资料;
(6) 企业人力资源方面的资料;
(7) 企业简介及现有员工数;
(8) 管理评审、内部审核、满意度等资料。

5. ISO 9000 体系认证步骤

第一阶段是内审员培训阶段。此阶段培训 ISO 9000 相关知识及进行内审的方法。内审员即企业内部质量员,由企业选派员工参加国家认证培训中心组织或由其授权的质量咨询机构举行的内审员培训班,学习有关 ISO 9000 标准和质量管理的知识,考试合格者被颁发"内审员合格证"。内审员是企业质量管理工作的骨干。

第二阶段是咨询阶段。与相关质量认证咨询机构签约,接受质量咨询师进驻企业,企业在咨询师的指导下制订质量认证计划,编制质量手册、质量程序文件,构建质量体系,进行文件审定,在咨询师的指导下试运行,进行自查及纠正,咨询机构进行评审辅导,提出咨询总结意见。

第三阶段是认证阶段。向国家市场监督管理总局认可的质量认证机构提交认证申请,签订合同,准备并提交审核文件,认证机构现场审核,提出整改项目,企业对整改项目提出纠正措施并整改。认证机构如认定达到要求即批准,并启动注册手续,颁发 ISO 9000 质量认证合格证书。

电子产品生产工艺与品质管理

任务实施

工作任务单

班级：_____ 姓名：_____ 学号：_____ _____年_____月_____日

项目5	电子产品质量管理与生产管理	任务5.1	电子产品质量管理
教学场所	电子工艺实训室	工时/h	2

实施条件	2人/组
工作任务	1. 正确、有条理地说明电子产品质量管理相关知识； 2. 了解校外电子企业质量管理体系认证情况； 3. 对了解到的校外电子企业质量管理体系认证情况进行讨论； 4. 填写工作任务单

评分	考核内容	评分标准	配分	得分
	电子产品质量管理相关知识	口试，回答准确	10	
	了解校外电子企业质量管理体系认证情况	资料充分，了解深入	30	
	对了解到的校外电子企业质量管理体系认证情况进行讨论	分析全面，有理有据	40	
	职业素养	是否有团队合作意识	10	
	课堂表现和出勤情况	工作是否努力，是否有迟到、早退、旷课现象，是否有扰乱课堂秩序现象	10	
		总分		

项目 5　电子产品质量管理与生产管理

任务 5.2　电子产品生产管理

任务提出

生产管理是制造类企业管理的主要组成部分，直接影响企业的生产效率和经济效益。只有不断加强生产管理，才能实现企业管理水平的整体提高。

本任务要求学习者完成以下工作：

（1）学习并掌握与电子产品生产管理相关的理论知识；

（2）调查了解电子企业生产管理情况并进行分析、讨论。

学习导航

任务 5.2　电子产品生产管理	
知识目标	1. 掌握与电子产品生产管理相关的理论知识； 2. 了解电子企业生产管理情况
能力目标	能够通过参观校外电子企业，对现场管理进行讨论
职业素养	1. 培养严谨、细致的工作作风； 2. 培养良好的职业道德和敬业精神； 3. 培养对新知识和新技能的学习能力； 4. 培养良好的语言表达能力和沟通能力； 5. 培养解决问题、制订工作计划的能力

相关知识

5.2.1　工艺管理的概念和组织机构

电子产品的质量不仅与元器件、材料、仪器设备、电路的先进性有关，而且与工艺手段、科学管理有关。

1．工艺管理的概念和内容

1）工艺管理的概念

工艺管理是指在一定的生产方式和条件下，按一定的原则、程序和方法，科学地计划、组织、协调和控制各项工艺工作的全过程，保证整个生产过程严格按工艺文件进行的科学管理。

工艺管理工作贯穿于整个生产的全过程，是保证产品质量、提高生产效率、安全生产、降低消耗、增加效益、发展企业的重要手段。

2）工艺管理的内容

（1）产品生产的工艺准备：工艺准备的主要内容包括产品生产工艺的合理性审查、设计和编制标准化的工艺文件。

（2）生产现场的工艺管理：包括人员、设备、物料等按要求定位，审查工具和设备摆放有序，流水线及工作场所清洁整齐。

（3）工艺纪律的管理：工位上的操作人员必须严格按照工艺文件的规程进行操作，任何人不得违反工艺文件的规程，这是建立企业正常工作秩序的保证。

（4）生产管理：包括按产品生产要求合理安排工序，做好生产准备和调度工作，为实现均衡生产提供保证。

（5）质量管理：指在生产过程中，做好各项质量检查资料的收集和质量监督工作。

2．工艺管理的组织机构及职能

1）工艺管理的组织机构

企业必须建立权威性的工艺管理部门，建立健全、统一、有效的工艺管理体系，本着有利于提高产品质量及工艺水平的原则，结合企业的规模和生产类型，为工艺管理机构配备相应素质和数量的工艺技术人员。

2）企业各部门的工艺职能

工艺管理是一项综合管理，在企业负责人和主要技术人员的直接领导下，各部门应该行使并完成各自的工艺职能。

对于企业管理来说，生产现场的管理无疑是重要的，也是最难把握的一环。在客户的眼中，一个企业生产现场的干净、规整与否直接影响其对企业的整体观感和印象；从工作人员的角度来讲，企业生产现场的干净、规整也能够为其提供一个舒适、清洁的工作环境。因此，无论是从提高企业社会地位的角度，还是从激励工作人员劳动积极性的角度来讲，生产现场的管理都有着不可忽视的作用，与此同时，更可以保证安全，提升效率。

5.2.2 生产现场6S管理

生产现场6S管理是基础性管理，是对生产现场人员、设备、物料、方法等生产要素进行有效管理的一种活动。6S管理自从被引进我国以来，作为企业管理的一个重要组成部分和有效的管理工具，在各行各业中得到了越来越多的重视。

1．6S管理的基本内容

6S管理包括六大基本元素，分别是：整理（SEIRI）、整顿（SEITON）、清扫（SEISO）、清洁（SEIKETSU）、素养（SHITSUKE）和安全（SECURITY）。以下为六大元素详尽的分析与阐述：

"整理"是对物资等进行分类规整的过程。对于在生产过程中极为必要或使用频率高的物资和工具，要进行统一的放置，而将不必要的或使用频率少的物资进行相应的处理，通过这样的分类规整，保证生产现场灵活的空间使用；对于冗余的物资进行有效清理，这样也防止了生产现场内杂乱无章、误用滥用现象的产生。通过有组织、有秩序的物资排放实现生产现场的整齐规范。

"整顿"是必要物资各归其位，在固定的位置上摆放固定数量的物资，并对此进行清晰的标注和简要的说明，使得物资获取快捷、放置迅速，以节省工作时间，提高工作效率，维持生产现场的正常秩序，建立合理有序的生产现场的工作流程。

项目5　电子产品质量管理与生产管理

"清扫"是对生产现场的垃圾污物进行及时清理，对故障机器和设备进行适时维修，并解决其他对维持生产现场的清洁整齐造成威胁的问题。清扫工作可以使工作环境更加清爽明朗，从而提高工作人员的工作积极性和劳动热情，使产品的质量得以保障并有效降低故障率。

"清洁"是一种更趋于完美的境界，它要求将整理、整顿和清扫进一步规范化、标准化，使其形成一种企业习惯和企业文化，并不断向前推进和发展。

"素养"是对生产现场每一位员工的要求，力求把在"清洁"中形成的企业习惯和企业文化渗透到每一位具体员工的身上，规范员工的行为和理念，遵守企业的规程，培养员工的协作观念和团队精神。

"安全"是对一切威胁到生产现场的物资和人员状态、行为的减少甚至消除。切实保证工作人员的生命、物资和财产安全，保证生产现场活动的顺利完成，尽可能地减少经济上的损失和安全事故的出现，充分体现企业文化中的人文精神。

持之以恒地开展 6S 现场管理，不断地规范生产现场，提升企业自身的基础管理水平，进而增强企业的市场竞争力，在当前的形势下显得尤为重要。

2．作用

（1）通过现场的整理和整顿，节省物料的找寻时间，提升工作效率。对生产现场的物品进行识别，将与生产无关的、不必要的物品清理出生产现场；将使用频率较高的物品进行分类，按照标志进行定置摆放，使用明显的颜色进行区分，并放置在距离工作岗位最近、最顺手的位置，节约寻物时间，提高生产效率。

（2）降低事故的发生概率。通过现场整理、整顿和日常培训，规范职工的工作习惯，明确并畅通安全、消防、用电等通道，通过日常不间断地对区域进行点检，并严格按照各项操作规程运作，在保证生产现场干净、整洁、有序的同时，对责任区域内的安全隐患做到"早发现、早整改、早安全"。

（3）提升企业形象，提高员工归属感。通过 6S 现场管理的全面推广，现场工作环境整齐、有序，员工素质不断提高，在一定程度上满足了员工的尊严和成就感，从而带动产品质量提升，提高了客户及合作者的满意度，从而提升企业形象。

（4）通过量化标准，使企业管理标准化进程有效推进。通过对现场区域和物品进行量化，并制定共同的标准，明确职工日常任务，使日常工作更加简单、快捷、稳定，并使之制度化、标准化，能有效推进企业基础管理标准化进程。

3．实施原则

6S 管理是如今企业运用得比较多的一种生产管理模式，在公司的工作范围内，6S 管理是最有用的现场管理方法，但其中很多的细节问题还需要长期的发现过程和改善。为确保 6S 管理长期实施下去，企业在开展安全、整理、整顿等形式化的基本活动中，使其成为形式化的清洁，最终在提高员工的素养后，成为制度化、规定化的现场管理，因此实施 6S 管理应遵循如下五大原则。

1）自己动手原则

自己动手改变现场环境，不断提升自身素养。

2）安全原则

安全是现场管理的前提和决定因素，6S管理原则中的关键就是要体现出安全才有保障，重视安全、减少不必要的损失，让员工放心工作、安心工作才是硬道理。

3）持之以恒的原则

6S管理是基础性的，开始容易坚持难，因此应该将6S管理作为工作的一部分天天坚持，这样才能长久地推行下去。

4）持续改进的原则

随着新技术、新工艺、新产品及市场的变化，要求6S管理也要不断地改进以满足生存的需要。

5）规范、高效的原则

现场管理的目的是要实现高效、规范的工作模式，不断提高工作效率才是真正有效的工作管理。

4．6S管理的过程控制

1）安全管理控制

安全管理控制一般从3个方面进行：一是现场安全管理，其重点是制定相应的安全生产工作制度，并且制定保障这些安全生产工作制度得以执行和落实的保障措施；二是人员现场管理，其重点在于合理安排工作时间，严格控制加班加点，防止疲劳作业；三是设备现场管理，其重点是监督检查现场生产人员是否严格按照设备操作规程使用、维护设备。

2）现场作业环境控制

现场作业环境控制是检查作业现场是否保持清洁安全、布局合理，设备设施保养完好、物流畅通等，这不仅反映出现场人员的日常工作习惯和素养，还反映出现场6S管理的水平。

3）定位定置的控制

现场物料定位定置一旦确定，管理工作就相对稳定，应及时纳入标准化管理，解决现场定置管理的"长期保持"问题，同时还应当建立与定置管理运作特点相适应的按定置图核查图、物料相符的现场抽查制度。现场抽查时，不允许有任何"暂时"存放的物料，这种"暂时"一般暴露两个方面的问题：一是可能该物料没有按定置管理的规定存放到规定的位置；二是可能该物料没有列入定置管理。

4）持续改进的控制

通常有下列两个方面的问题需要改进：一是现场抽查中暴露的问题，如有些物料没有列入定置管理，或定置不合理；二是随着新产品生产的需要、新工艺的应用，原有的定置管理已经不适用，这种改进需要根据新的生产流程，重新设计部分现场物料的定置，才能保证现场定置管理长期有效地进行下去。

项目 5 电子产品质量管理与生产管理

任务实施

工作任务单

班级：_____ 姓名：_____ 学号：_____   _____年_____月_____日

项目 5	电子产品质量管理与生产管理	任务 5.2	电子产品生产管理
教学场所	电子工艺实训室	工时/h	2
实施条件	2人/组			
工作任务	1. 参观校外电子企业生产现场； 2. 对所参观的企业现场的管理情况进行讨论； 3. 填写工作任务单			

评分	考核内容	评分标准	配分	得分
	电子产品生产现场管理相关知识	口试，回答准确	10	
	参观校外电子企业生产现场	资料充分，了解深入	30	
	对生产现场的管理现状进行讨论、评价	分析全面，有理有据	40	
	职业素养	是否有团队合作意识	10	
	课堂表现和出勤情况	工作是否努力，是否有迟到、早退、旷课现象，是否有扰乱课堂秩序的现象	10	
		总分		

项目小结

1. 电子产品质量管理不仅是企业电子产品质量得以加强的可靠保障,还能使企业更有效地运转起来。

2. 电子产品生产管理涉及产品的开发、试制、生产、技术改造与推广、安全管理及全面质量管理等多方面,加强电子产品的生产管理可以提高产品质量,增加产品的市场竞争力。

习题 5

1. 质量控制的工作内容包括哪些内容?
2. 电子产品质量主要体现在哪些方面?
3. 影响产品质量波动的因素有哪些?
4. 简述 ISO 9000 质量体系的发展史。
5. ISO 9000 标准系列的组成有哪些?
6. ISO 9000 体系认证的步骤是什么?
7. 工艺管理工作贯穿于整个生产的全过程,工艺管理的内容有哪些?
8. 生产现场 6S 管理的基本内容是什么?
9. 6S 管理的作用是什么?
10. 6S 管理如何进行过程控制?

扫一扫看习题 5 答案

参 考 文 献

[1] 廖芳. 电子产品制作工艺与实训[M]. 4版. 北京：电子工业出版社，2016.
[2] 梁娜，王薇. 电子产品制造工艺[M]. 北京：电子工业出版社，2019.
[3] 夏玉果. SMT生产工艺项目化教程[M]. 北京：电子工业出版社，2016.
[4] 刘红兵，邓木生. 电子产品的生产与检验[M]. 北京：高等教育出版社，2012.
[5] 曹白杨. 电子产品工艺设计基础[M]. 北京：电子工业出版社，2016.
[6] 张红琴，王云松. 电子工艺与实训[M]. 2版. 北京：机械工业出版社，2019.
[7] 王卫平. 电子产品制造技术[M]. 北京：清华大学出版社，2005.
[8] 王振红，张常年，张萌萌. 电子产品工艺[M]. 北京：化学工业出版社，2008.
[9] 王德贵. 电路组装技术的重大变革[J]. 电子电路与封装，2005（1）：44-48.
[10] 龙绪明. 先进电子制造技术[M]. 北京：机械工艺出版社，2010.
[11] 贾忠中. SMT工艺质量控制[M]. 北京：电子工业出版社，2007.